解 读 地 球 密 码

丛书主编　孔庆友

宝石之王

钻　石

Diamond

The King of Gem

本书主编　张 震　张 峰　张 超

山东科学技术出版社

·济南·

图书在版编目（CIP）数据

宝石之王——钻石 / 张震，张峰，张超主编. -- 济南：山东科学技术出版社，2016.6（2023.4 重印）
（解读地球密码）
ISBN 978-7-5331-8370-7

Ⅰ.①宝… Ⅱ.①张… ②张… ③张… Ⅲ.①钻石 - 普及读物 Ⅳ.① TS933.21-49

中国版本图书馆 CIP 数据核字（2016）第 141409 号

丛书主编 孔庆友
本书主编 张 震 张 峰 张 超

宝石之王——钻石
BAOSHI ZHIWANG——ZUANSHI

责任编辑：赵 旭
装帧设计：魏 然

主管单位：山东出版传媒股份有限公司
出 版 者：山东科学技术出版社
地址：济南市市中区舜耕路 517 号
邮编：250003 电话：（0531）82098088
网址：www.lkj.com.cn
电子邮件：sdkj@sdcbcm.com
发 行 者：山东科学技术出版社
地址：济南市市中区舜耕路 517 号
邮编：250003 电话：（0531）82098067
印 刷 者：三河市嵩川印刷有限公司
地址：三河市杨庄镇肖庄子
邮编：065200 电话：（0316）3650395

规 格：16 开（185 mm × 240 mm）
印 张：7 **字数：**126 千
版 次：2016 年 6 月第 1 版 **印次：**2023 年 4 月第 4 次印刷
定 价：32.00 元
审图号：GS（2017）1091 号

普及地質科学知識
提高民族科学素質

李廷棟
2016年元月

传播地学知识，弘扬科学精神，
践行绿色发展观，为建设
美好地球村而努力。

翟裕生
2015年10月

贺　词

自然资源、自然环境、自然灾害，这些人类面临的重大课题都与地学密切相关，山东同仁编著的《解读地球密码》科普丛书以地学原理和地质事实科学、真实、通俗地回答了公众关心的问题。相信其出版对于普及地学知识，提高全民科学素质，具有重大意义，并将促进我国地学科普事业的发展。

国土资源部总工程师

编辑出版《解读地球密码》科普丛书，举行业之力，集众家之言，解地球之理，展齐鲁之貌，结地学之果，蔚为大观，实为壮举，必将广布社会，流传长远。人类只有一个地球，只有认识地球、热爱地球，才能保护地球、珍惜地球，使人地合一、时空长存、宇宙永昌、乾坤安宁。

山东省国土资源厅副厅长

编著者寄语

★ 地学是关于地球科学的学问。它是数、理、化、天、地、生、农、工、医九大学科之一，既是一门基础科学，也是一门应用科学。

★ 地球是我们的生存之地、衣食之源。地学与人类的生产生活和经济社会可持续发展紧密相连。

★ 以地学理论说清道理，以地质现象揭秘释惑，以地学领域广采博引，是本丛书最大的特色。

★ 普及地球科学知识，提高全民科学素质，突出科学性、知识性和趣味性，是编著者的应尽责任和共同愿望。

★ 本丛书参考了大量资料和网络信息，得到了诸作者、有关网站和单位的热情帮助和鼎力支持，在此一并表示由衷谢意！

科学指导

李廷栋 中国科学院院士、著名地质学家

翟裕生 中国科学院院士、著名矿床学家

编著委员会

主　任 刘俭朴　李　琥

副主任 张庆坤　王桂鹏　徐军祥　刘祥元　武旭仁　屈绍东
刘兴旺　杜长征　侯成桥　臧桂茂　刘圣刚　孟祥军

主　编 孔庆友

副主编 张天祯　方宝明　于学峰　张鲁府　常允新　刘书才

编　委 （以姓氏笔画为序）

卫　伟　王　经　王世进　王光信　王来明　王怀洪
王学尧　王德敬　方　明　方庆海　左晓敏　石业迎
冯克印　邢　锋　邢俊昊　曲延波　吕大炜　吕晓亮
朱友强　刘小琼　刘凤臣　刘洪亮　刘海泉　刘继太
刘瑞华　孙　斌　杜圣贤　李　壮　李大鹏　李玉章
李金镇　李香臣　李勇普　杨丽芝　吴国栋　宋志勇
宋明春　宋香锁　宋晓媚　张　峰　张　震　张永伟
张作金　张春池　张增奇　陈　军　陈　诚　陈国栋
范士彦　郑福华　赵　琳　赵书泉　郝兴中　郝言平
胡　戈　胡智勇　侯明兰　姜文娟　祝德成　姚春梅
贺　敬　徐　品　高树学　高善坤　郭加朋　郭宝奎
梁吉坡　董　强　韩代成　颜景生　潘拥军　戴广凯

书稿统筹 宋晓媚　左晓敏

目录

CONTENTS

Part 2 钻石揭秘

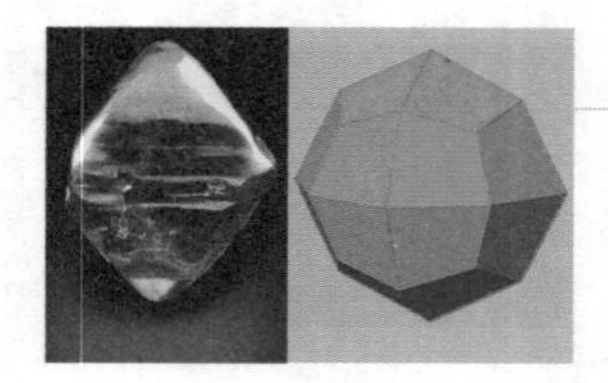

钻石结构之谜 /10

金刚石晶体内部的碳原子以最密集的方式排列，原子间的结合非常紧密，结构非常坚固。所以钻石才有高硬度、高熔点、不导电的特性，具有很强的抗酸、抗碱能力，甚至加上几百摄氏度的高温也无任何反应，连王水对它也不起作用，化学性质非常稳定。天然金刚石的晶体形态分为单晶体、连生体和多晶体。

钻石颜色之谜 /12

钻石是无色的吗？根据颜色，钻石可分为两大类：无色系列和彩色系列。各种彩色钻石的致色原理是内部含有微量元素或晶格变形吸收光线造成的。

钻石火彩之谜 /16

火彩的产生必须满足两个条件：首先，宝石材料必须有足够高的“色散”值；其次，该材料在加工中必须遵循一定的角度和比例。钻石以其纯净无色和恰当的色散值，能反射出五光十色、光怪陆离的彩光，这就是钻石的火彩。这使其他宝石难以与其争辉。

1
2
3 cm

钻石成因之谜 /17

钻石是在高温高压的状态下形成的。形成温度是900～1 300℃，压力为4 500～6 000 MPa，这种条件相当于地壳150～200 km的深度。

名钻荟萃

钻石分级、优化与合成

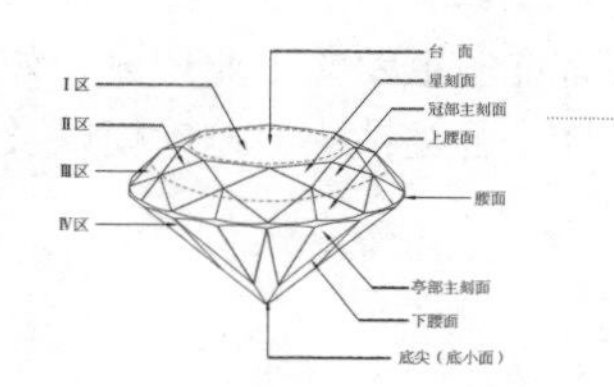

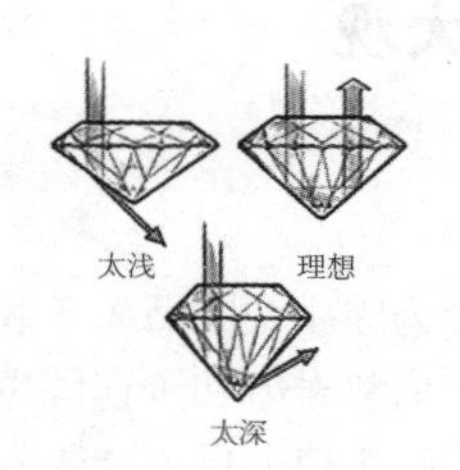

金刚石的合成 /45

从18世纪开始，世界许多国家开始了探索合成金刚石的技术和方法。目前，许多国家开始广泛利用合成金刚石。

Part 5 钻石用途

装饰用钻石 /51

装饰用钻石主要用于首饰、收藏、投资和特殊用品的镶嵌（佛像、权杖、刀剑等等）。在现代社会中，需要装饰用钻石数量的多少，可以显示一个国家或地区的发展程度。

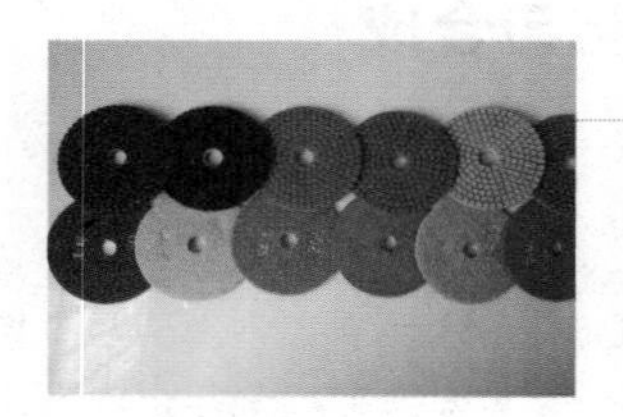

工业用钻石 /57

钻石具有超硬、耐磨、热敏、传热导、半导体及透远等优异的物理性能，具有许多重要的工业用途，如精细研磨材料、高硬切割工具、各类钻头、拉丝模以及很多精密仪器的部件。

Part 6 世界金刚石资源大观

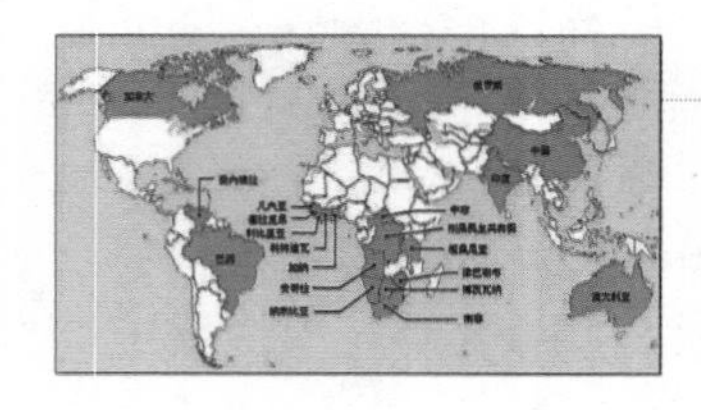

世界金刚石资源概况 /63

世界金刚石矿床按成因分为原生金刚石矿床和砂矿床两种。原生金刚石矿床有金伯利岩型和钾镁煌斑岩型两种，其中金伯利岩型金刚石矿床现占世界金刚石总产量的75％左右。砂矿床金刚石来源于原生金伯利岩的风化剥蚀的产物，或来自于砂矿的风化剥蚀再沉积。

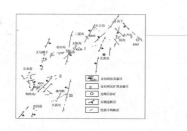

地学知识窗

Part 1 钻石概谈

钻石的矿物名称为金刚石，英文名称为“Diamond”，来源于希腊语“Adamant”，意思是“坚硬无比”或“难以征服”。

钻石的概念

钻石的矿物名称为金刚石，英文名称是“Diamond”，来源于希腊语“Adamant”，意思是“坚硬无比”或“难以征服”。大约16世纪中期人们开始使用这个英文名称并延续至今。

当今世界上，钻石的概念并不统一，主要有以下三种说法：

1.金刚石即是钻石，钻石即是金刚石。

2.钻石是宝石级金刚石或装饰用金刚石。

3.钻石是琢磨或加工后的金刚石，即金刚石是原料，钻石是成品。

本书采用的概念是：钻石是以天然金刚石为原料，经人工切割、加工、琢磨而形成的各种款式的装饰品、珍藏品或陈列品（图1–1）。

人类对天然金刚石的认识和开发具有悠久的历史，大约距今3000年前，在古印度哥达维列河和奎得奈河之间的戈尔康达地区，已经开始采掘冲积层中的金刚石砂矿。但由于金刚石的硬度大，很难

——地学知识窗——

宝　石

宝石是指自然界中，具有色彩瑰丽、晶莹剔透、坚硬耐久等特点，并且稀少，可琢磨、雕刻成首饰和工艺品的矿物或岩石，部分为有机材料。

按照2011年2月1日开始实施的国家标准（GB/T 16552—2010），宝石可以分为天然珠宝玉石（含天然宝石、天然玉石、天然有机宝石）、人工宝石（包括合成宝石、人造宝石、拼合宝石、再造宝石）、仿宝石等类型。

图1–1　天然金刚石及其切割加工品

琢磨，所以，将其加工后作为装饰品的历史较红宝石、蓝宝石、祖母绿晚。大约1477年，人们开始用没有经过琢磨或仅琢磨几个刻面的钻石来作为结婚的信物。1588~1603年英国女王戴的戒指，也只是一枚磨平了一个角的八面体金刚石，但这只能称之为钻石的雏形。

历史上钻石的昌盛时期是1604年到1689年之间，当时一位名叫塔沃尼（Tavernier）的法国人曾六次往返于印度与欧洲的各王室之间，从事大量的钻石生意，推动了钻石的应用和行业发展。

1909年，波兰人塔克瓦斯基（Tolko-wasky）根据金刚石的折光率，按照全反射原理，设计出最佳反射效果的58个刻面的标准钻石型。从此，金刚石即可加工成闪光灿烂的钻石，使钻石成为宝石之王。

钻石的特性

化学性质

理论上的金刚石是由单质碳（C）组成的，矿物学上将其归于“自然元素大类”。由于金刚石的化学成分为碳，所以会在高温下燃烧生成二氧化碳。试验证明，金刚石在大气中燃烧的温度为850~1 000℃，在纯氧中的燃烧温度为720~800℃。燃烧时，金刚石发出蓝色的光，表面出现雾状的膜，后逐渐变小。在缺氧的情况下加热到2 000～3 000℃时会变成石墨。无色的金刚石晶体燃烧后几乎不产生灰烬，其主要元素碳均变成二氧化碳气体。金刚石对所有的酸都是稳定的，不溶于氢氟酸、盐酸、硫酸、硝酸和王水，受强碱、强氧化剂长时间作用会有轻微的腐蚀。

密度

金刚石的密度为3.54 g/cm^3，若含杂

——地学知识窗——

碳的同素异形体

同素异形体：指由同样的单一化学元素组成，但性质却不相同的单质。碳的同素异形体有石墨、金刚石、C_{60}（富勒烯）等。

其中金刚石呈正四面体空间网状立体结构，碳原子之间形成共价键。石墨呈片层状结构，层内碳原子排列成平面六边形，每个碳原子以3个共价键与其他碳原子结合，同层中的离域电子可以在整层活动，层间碳原子以分子间作用力（范德华力）相结合。C_{60}是一种碳原子簇，它由60个碳原子构成像足球一样的三十二面体。这60个碳原子在空间进行排列时，形成一个化学键最稳定的空间排列位置，恰好与足球表面格的排列一致。

图1–2　各种颜色的金刚石

质或裂隙可能降低至3.2 g/cm³，它的密度比一般的沙子（石英、长石，密度为2.6~2.7 g/cm³）的密度大，因此，古人在淘金时会淘出金刚石。在砂矿中采金刚石也是用淘洗法将其从沙中分离出来。在金刚石原生矿选矿中也有重力选矿的流程。

颜色

金刚石有各种颜色，从无色到黑色都有，以无色的为特佳（图1–2）。它们可以是透明的，也可以是半透明或不透明。许多金刚石带些黄色，这主要是由于金刚石中含有杂质。金刚石的折射率非常高，色散性能也很强，这就是金刚石为什么会反射出五彩缤纷闪光的原因。

光泽

光泽是物体对光线的反射能力。影响光泽强弱的因素有矿物的透明度、折射率、反射率、吸收率、表面性质以及集合体形态等。

矿物学中将光泽由强至弱分成4级，即金属光泽、半金属光泽、金刚光泽、玻璃光泽。一般情况下，金属矿物晶面反射能力强，不透明，晶面显金属光泽和半金属光泽。非金属矿物能不同程度地被光线穿透，显金刚光泽、玻璃光泽或其他非金属光泽。金刚石属金刚光泽，为透明矿物中光泽最强的。正是由于它光泽强，才使得钻石光亮夺目。从以下几个例子可以了解折射率与光泽的关系：钻石（2.417），锆石（1.98），皆属金刚光泽；蓝宝石（1.77），水晶（1.55），皆属玻璃光泽。因此有人拿锆石冒充钻石。

——地学知识窗——

金刚光泽

金刚光泽是矿物学中光泽的一种，特点是反光较强，光泽闪亮耀眼，但不具金属感。典型的是金刚石的金刚光泽。

硬度

所谓矿物的硬度，是指结晶体对抗机械破坏的能力，我们一般常用莫氏硬度来表示（表1-1）。莫氏硬度是指一种物质可以刮伤另一种物质的能力。钻石是目前地球上所发现的物质中硬度最高的一种，在莫氏硬度表中它居于最高10度。

表1-1 矿物莫氏硬度表

莫氏硬度	1	2	3	4	5
对应矿物	滑石	石膏	方解石	萤石	磷灰石
莫氏硬度	6	7	8	9	10
对应矿物	正长石	石英	黄玉	刚玉	金刚石

——地学知识窗——

莫氏硬度

硬度是指物体抵抗外力机械作用的强度。莫氏硬度是一种刻画硬度，由德国矿物学家腓特烈·莫斯于1812年首先提出的。莫氏硬度值并非绝对硬度值，它是以10种具有不同硬度的矿物作为标准，构成莫氏硬度计。这10种矿物由软至硬依次是滑石、石膏、方解石、萤石、磷灰石、正长石、石英、黄玉、刚玉、金刚石。

事实上，莫氏硬度只是一种相对硬度，所代表的是10度的钻石可以刻画其他9种矿物，并不是1度滑石硬度的10倍。如果以其他绝对硬度测试法测定，钻石绝对硬度约为水晶的1 000倍。

解理

矿物晶体受力后常沿一定方向破裂并产生光滑平面的性质称为解理。解理面一般平行于晶体格架中质点最紧密、联结力最强的面。因为垂直这种面的联结力较弱，晶体易于平行此面破裂。解理是反映晶体构造的重要特征之一。

不同的晶质矿物，解理的数目、解理的完善程度和解理的夹角都不同。利用这一特性，可以区别不同的矿物。

矿物学上，根据矿物解理的发育程度，分为极完全解理、完全解理、中等解理、不完全解理、极不完全解理（*无解理*）5个等级。不同矿物，可能有一个方向的解理，也可能有多个方向的解理。常见的有一组（*石墨、云母等*）、二组（*角闪石等*）、三组（*方解石等*），此外还有四组（*如萤石*）、六组（*如闪锌矿*）解理。

金刚石具有平行于八面体晶面的四组中等解理，因此称八面体解理。这是金刚石的唯一缺点，所以说金刚石“不怕磨，就怕打（*击*）”。但解理也是金刚石的一个优点，加工师可以借此将其劈开，以便于进一步的加工。

——地学知识窗——

解　理

晶体或晶粒在受到外力打击时，总是沿一定方向破裂成平面的这种固有性质称为解理。沿解理所裂成的平面称为解理面。解理是反映晶体构造的重要特征之一。不论矿物自形程度高低，解理的特征不变，这是鉴定矿物的重要特征依据。一般可依据解理的发育完全程度以及组数和各组交角来区分矿物。

荧光

大多数钻石在紫外线下都有荧光显示，荧光的颜色有蓝、绿、黄、红等（图1-3）。一般来说，白、黄色钻石发蓝色荧光，褐色钻石发黄绿色荧光，黄、紫色钻石在常温下无荧光显示。

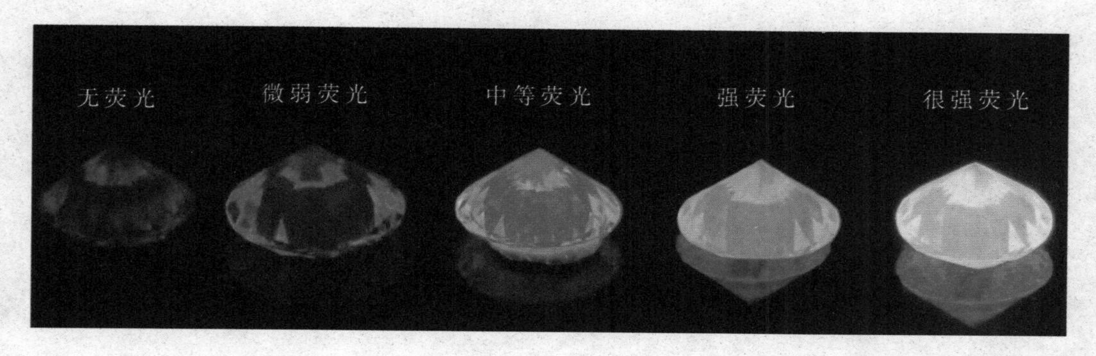

图1-3　钻石的荧光效应

表面特性

钻石表面具亲油疏水性。用油性的墨水可轻易地在钻石表面画上痕迹，相反不易粘上水。这种亲油疏水性可用来在加工钻石时画线，也可以利用这种特性对钻石进行鉴定。

Part 2 钻石揭秘

所有宝石中，钻石的成分最为单纯，其化学成分主要是碳元素，其晶体内部的碳原子以最密集的方式排列，原子间的结合非常紧密，结构非常坚固。

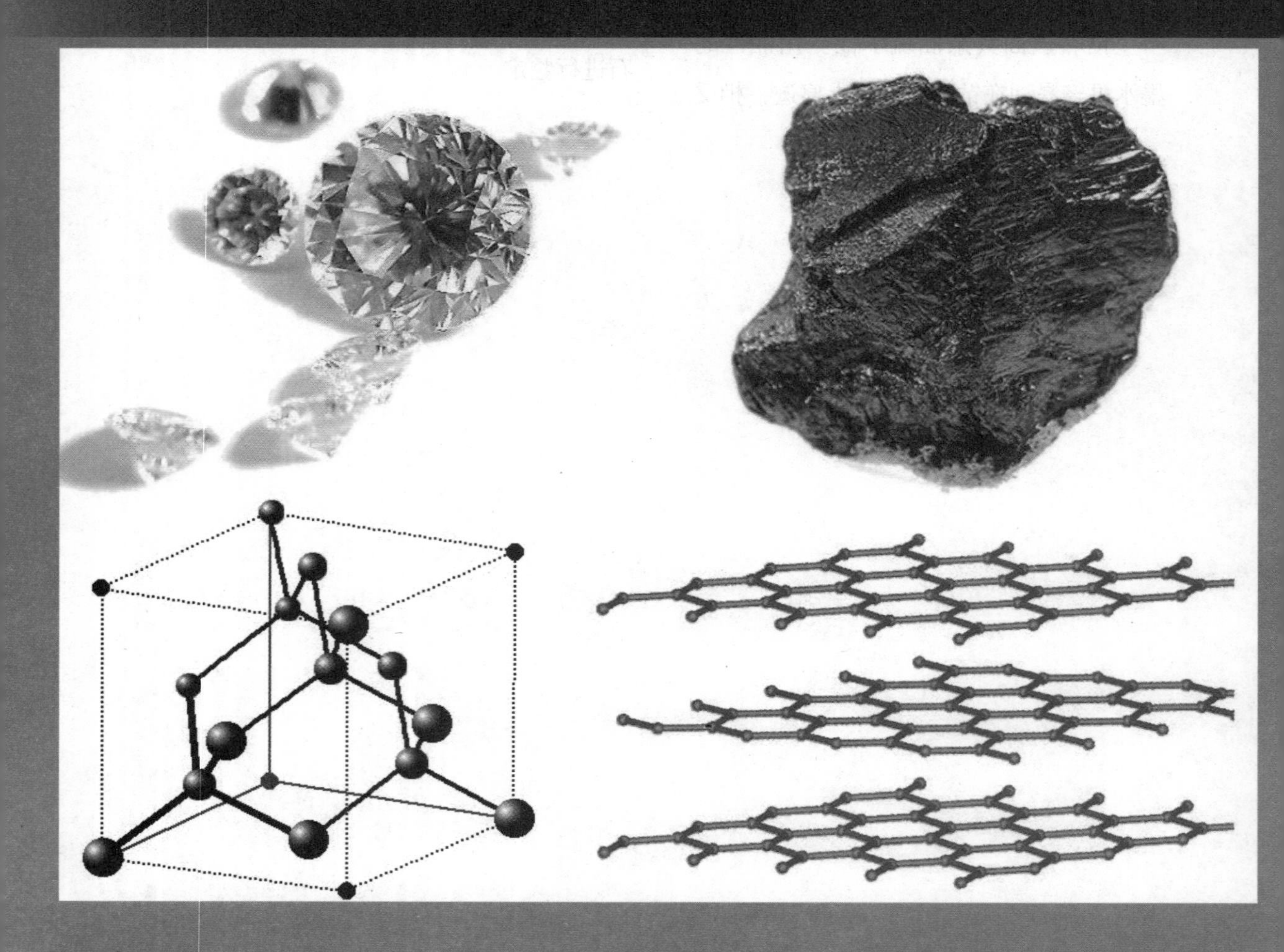

钻石成分之谜

1796年，英国化学家史密森·特南特（Smithson Tennant）将金刚石燃烧成二氧化碳，证明了金刚石是由碳元素（C）组成的。所有宝石中，钻石的成分最为单纯，其化学成分主要是碳，是碳原子作有规律的排列而组成的晶体。

——地学知识窗——

晶　体

晶体是内部质点（原子、离子或分子）在三维空间周期性地重复排列构成的固体物质。

碳是一种非金属元素，原子序数6，相对原子质量12.01，位于元素周期表的第2周期IVA族，拉丁语为Carbonium，意为“煤，木炭”，是地球上的常量元素，它以多种形式广泛存在于地壳、大气和生物之圈中。碳在地壳浅层和地表很容易富集，地壳中大多数的碳是以碳酸盐（如石灰岩）和碳氢化合物（如石油、天然气）、碳水化合物（动植物肌体）及无定型状态（煤、泥炭）等形式存在。

英国和俄罗斯的科学家对金刚石的碳同位素的研究表明：具有特定碳同位素组成范围的橄榄岩型金刚石，其碳来源于地幔原始碳；而榴辉岩型金刚石的碳部分来源于地幔原始碳，部分来源于地壳俯冲有机碳。但在地壳深处和上地幔，碳含量极低，仅为痕量，很难富集，所以形成金刚石的概率很低，这是金刚石在地球上稀缺的根本原因。地幔中极少量的碳在什么样的物理、化学条件下才能聚集形成具有特殊结构的金刚石，是人们研究金刚石成因的复杂课题。

除碳以外，金刚石中还经常含硅、铝、钙、镁、锰、铬、铁、氮和硼等杂质元素。目前已知金刚石中有58种杂质元素，但含量均微乎其微。除氮和硼外，其他杂质元素多以包裹体的形式存在，如磁铁矿、镁铝榴石、铬透辉石、绿泥石、黑云母、橄榄石以及石墨等。宝石级金刚石含杂质很少。

钻石结构之谜

金刚石晶体内部的碳原子以最密集的方式排列，原子间的结合非常紧密，结构非常坚固。金刚石属等轴晶系，碳原子位于立方晶胞的8个顶角和6个面的中心，并且在8个小立方晶格的半数中心相间分布着4个碳原子，每个碳原子都与其周围的4个碳原子相连接，并且每两个碳原子之间的距离均相等（图2-1）。

正是由于这样，金刚石才有高硬度、高熔点、不导电，具有很强的抗酸、抗碱的能力，甚至加上几百度的高温也无任何反应，连王水对它也不起作用，化学性质非常稳定。

天然金刚石的晶体形态分为单晶体、连生体和多晶体。单晶体可再划分为立方体、八面体、菱形十二面体以及由这些单形组成的聚形（图2-2）。集合体要比形状规则的单晶体常见。

连生体进一步分成不规则连生体、

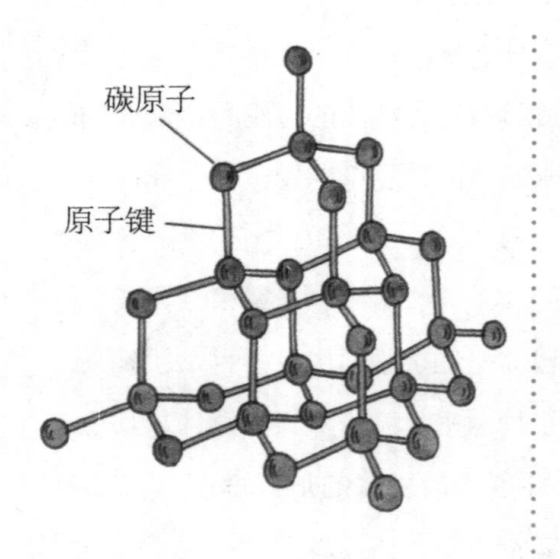

图2-1　金刚石晶体结构

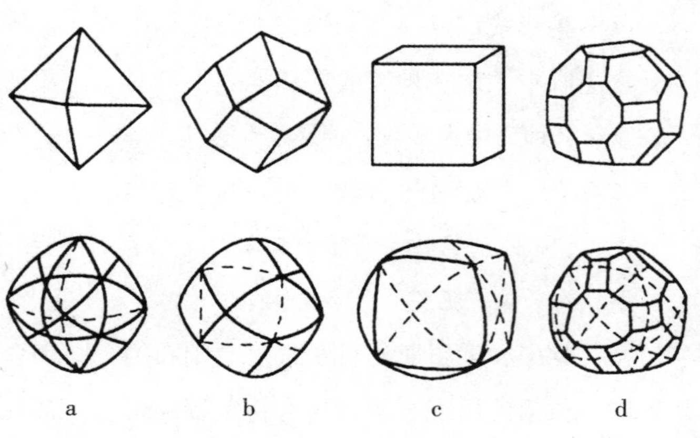

图2-2　金刚石平面和曲面单晶体

a—八面体；b—十二面体；c—立方体（六面体）；d—聚形体

平行连生体和双晶（图2–3）。双晶有连生双晶、穿插双晶、板状双晶等。多晶体有圆粒金刚石、浅红金刚石和黑金刚石等几种（图2–4）。圆粒金刚石是由颗粒连生体和不规则连生体等微晶形成的球状集合体，呈乳白色到钢灰色，常有裂缝，硬度很大。浅红金刚石是一种由中心向外放射状排列的微晶金刚石组成的集合体，外形呈圆球状。这种多晶体外壳坚硬，内核较软，硬度比圆粒金刚石和黑金刚石低，强度比圆粒的高。黑金刚石是由更细金刚石组成的微密或多孔的集合体，呈黑色、灰色或绿色，外形不规则。金刚石晶体形态分类大致如图2–5所示。

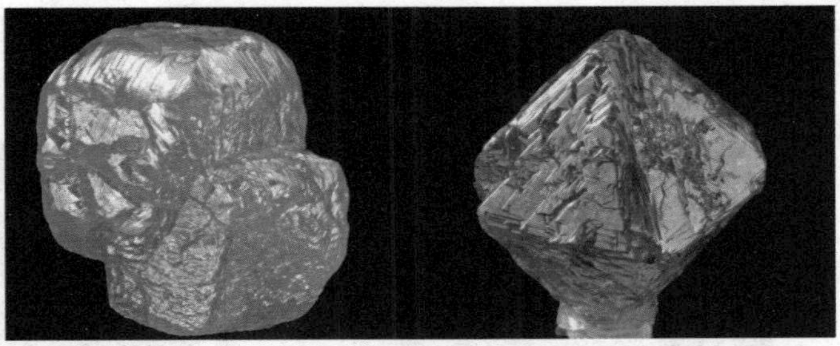

图2–3 双晶金刚石

图2–4 金刚石的晶体形态

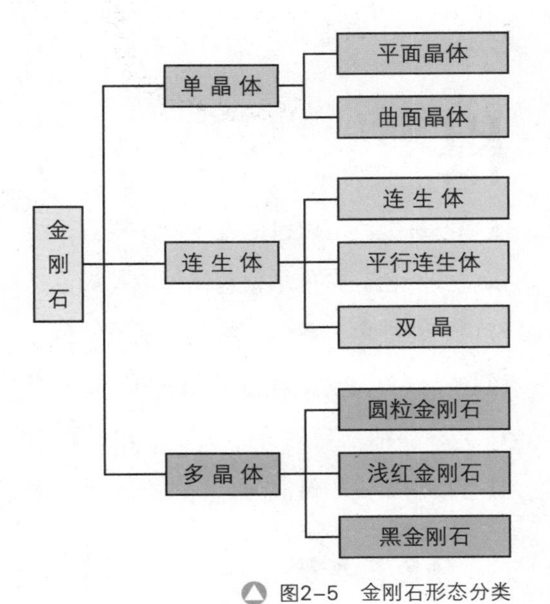

图2–5 金刚石形态分类

——地学知识窗——

双 晶

双晶是两个或两个以上同种晶体构成的、非平行的规律连生体。又称孪晶。双晶也是晶体的规则连生的一种。

但是，大自然的环境往往不会非常理想，也不会有完全相同的条件，所以形成的金刚石晶体多半是歪的，晶体的棱也会弯曲（图2-6）。

图2-6 并非理想的金刚石晶体

钻石颜色之谜

根据颜色，钻石可分为两大类：无色系列和彩色系列。无色—浅黄（褐、灰）色系列包括近无色—浅黄、浅褐、浅灰色。彩色系列包括黄色、褐色、红色、粉红色、蓝色、绿色、紫罗兰色、黑色等。有色系列的钻石被称为“彩钻”。彩钻在自然界中极少产出，所以具有特别昂贵的价值。

颜色三要素

钻石所呈现的颜色，可粗分为三大要素，即色彩、色调与色度。

色彩 色彩指眼睛对颜色的第一印象，例如天空是蓝的，草是绿的，玫瑰花是红色的。通常，科学化的颜色描述以光谱的七大色作基础，即赤、橙、黄、绿、青、蓝、紫。

色调 色调指色感的明暗程度，亦即钻石给予人的明亮或暗淡的感觉。最明亮的钻石为无色，最暗淡的钻石为黑色。口语中的浅和深是对色调的进一步描述，可简单区分为很浅、浅、中浅、中、中深、深、很深等，如浅绿色、深红色等。

色度 颜色是由亮度和色度共同表

示的，而色度则是不包括亮度在内的颜色的性质，它反映的是颜色的色调和饱和度，一般用来描述物体颜色的纯度和饱和度。色度也可以说成是颜色的浓淡，色越浓表示越饱满，越淡表示颜色越少。

形成钻石颜色的内在原因

形成彩色钻石的内在因素之一，是由于微量元素氮（N）、硼（B）原子进入钻石的晶体结构之中而产生的颜色。形成彩色钻石的另一内在因素，是晶体塑性变形而产生位错、缺陷，对某些光能吸收而使钻石呈现颜色。

人们根据氮（N）和硼（B）含量，将钻石分为两个大类（Ⅰ型和Ⅱ型）四个亚类（Ⅰa、Ⅰb、Ⅱa、Ⅱb），见表2-1。

表2-1　钻石的分类

类　型		氮原子存在形式	颜色特征
Ⅰ型（含N）	Ⅰa 型	碳原子被氮取代，氮在晶格中呈聚合状不纯物存在	无色—黄色（一般天然黄色钻石均属此类型）
	Ⅰb 型	碳原子被氮取代，氮在金刚石内呈单独不纯物存在	无色—黄色、棕色（几乎所有合成钻石及少量天钻石）
Ⅱ型（不含N）	Ⅱa 型	不含氮，碳原子因位置错移造成缺陷	无色—棕色粉红色（极稀少）
	Ⅱb 型	含少量硼元素	蓝色（极稀少）

1. 无色钻石

此类钻石中没有光波被吸收，所以呈现无色透明。无色钻石给人一种清新透亮的感觉，不过在钻石的世界中，无色钻石极为罕见，可以称之为“钻石之王”（图2-7）。

表2-7　无色钻石

2. 黄色钻石

黄色钻石（图2-8）分为Ⅰa 型钻石和Ⅰb 型钻石。

Ⅰa 型钻石：含N量在0.1%～0.3%之间，天然钻石中98%属Ⅰa 型，这类钻石的颜色呈无色至黄色。

Ⅰb 型钻石：含N量在0.1%以下，Ⅰb 型钻石在自然界中含量稀少，约占天然钻石的0.1%。但大多数人工合成的钻石都属此类型。

图2-8 黄色钻石

3. 蓝色钻石

Ⅱb 型钻石：不含N，含少量的B，钻石大多呈蓝色，部分呈灰色或其他颜色（图2-9）。最新发现不含B、不导电的灰蓝色钻石，它们的晶体中含有H，因此普遍认为H的存在是导致灰色、灰蓝色钻石呈色的主要原因。

图2-9 蓝色钻石

4. 粉色、褐色钻石

此类钻石的颜色与其形成环境及运移过程中发生的塑性变形（导致晶体结构缺陷）有关。这些因素在引起晶格缺陷的同时，还可改变钻石中N的聚集速率和形式，使钻石形成不同颜色，且钻石颜色的均匀程度也与塑性形变的均匀性有关（图2-10）。

图2-10　粉色钻石

5. 绿色钻石

绿色和蓝绿色钻石通常是由于受到长期天然辐射作用而形成的。当辐射线的能量高于晶体的阈值时，可使钻石的电子结构发生变化，从而产生一系列新的吸收，可使钻石呈绿色（图2-11）。若辐射时间足够长或辐照剂量足够大，可使钻石变成深绿色甚至黑色。辐射造成的晶格损伤有时还可以形成蓝色钻石和黄褐色钻石。

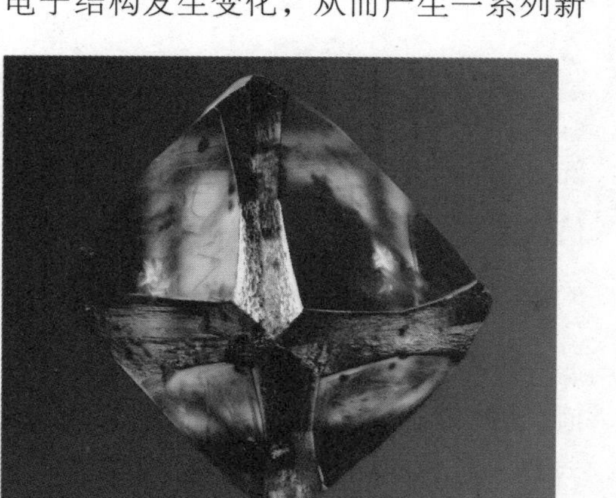

图2-11　绿色钻石

6. 黑色钻石

黑色钻石的颜色成因可能是其为多晶体集合体或含有大量黑色内含物（多为石墨）和裂隙的缘故。黑色钻石的价值较低（图2-12）。

图2-12　黑色钻石

钻石火彩之谜

火彩的产生

钻石的光彩也叫“火彩”。钻石能反射出五光十色、光怪陆离的彩光，尤其以柔和冷艳的蓝光为主，这种现象是钻石色散作用的结果。在所有的天然宝石中，钻石的色散度是适中的，因此，钻石会出现火焰般冷艳、璀璨夺目的美丽光彩。

火彩的产生必须满足两个条件：首先，宝石材料必须有足够高的“色散”值；其次，该材料在加工中必须遵循一定的角度和比例。

钻石以其纯净无色和恰当的色散值，使其他宝石难以与其争辉。正因为钻石对光线产生的这种独特效果，在众宝石中，这种特有的物理性质使其成为当之无愧的宝石之王，散发无尽而神秘的魅力。

火彩的种类

钻石的火彩分为外部火彩和内部火彩（图2–13）。

1. 外部火彩

钻石的外部火彩，是指钻石的光泽是光从宝石表面反射所引起。影响光泽强弱的因素主要是反射率，反射率越高，光泽越强。

除反射率外，钻石的光泽还取决于表面质量。钻石表面越平整，抛光程度越高，光泽越强。

图2–13　钻石的火彩

2. 内部火彩

内部火彩通过钻石的折射光引起。为了充分展现内部火彩，钻石必须被精心设计，面的多少、面与面间原角度都必须服从于钻石的光学性质，这些是钻石切磨必须重点考虑的。

钻石成因之谜

金刚石的母岩

到目前为止，世界上大多数的原生金刚石主要赋存在金伯利岩（图2–14）和钾镁煌斑岩（图2–15）中。金伯利岩是一种偏碱性的超基性岩，主要分布于稳定地台区，形成与深断裂带有关，产状为爆破岩筒、火山颈，或为岩墙、岩脉，时代以白垩纪为主。钾镁煌斑岩是一种过碱性镁质火山岩，主要由白榴石、火山玻璃组成，可含辉石、橄榄石等矿物，典型产地为澳大利亚西部阿盖尔地区。

图2-14 金伯利岩中的钻石
产地：中国临沂

图2-15 钾镁煌斑岩
产地：澳大利亚西北部阿尔盖地区

金刚石形成的物理、化学条件

通过高温高压试验和矿物包裹体研究表明，金刚石是在较高温度和较大的压力下形成的。目前较一致的认识是：形成温度是900～1 300℃，压力为4.5～6 GPa，这种条件相当于地壳150～200 km的深度。但根据Moore等人（1985）的研究，某些金刚石是在超过300 km的深度形成的。

科学家通过在实验室内的高温高压下的试验，建立了不同状态下碳的稳定域，以此推测出钻石可能的生成温度和压力。从高温高压实验可知：高温特别是高压下可以形成颗粒粗大、透明无色的八面体金刚石。如果压力稳定，温度迅速下降，钻石仍处于稳定状态；相反，如果温度稳定，压力迅速下降，易导致钻石晶体结构的位错滑移，并诱发晶格缺陷，使一部分原本无色的钻石变为褐黄色、棕黄色，逐渐石墨化。所以，金刚石形成的首

——地学知识窗——

金伯利岩

金伯利岩（kimberlite）:旧称角砾云母橄榄岩。1887年发现于南非的金伯利（Kimberley），故名。金伯利岩是一种角砾化的钾质超镁铁质岩，主要为金伯利岩和金伯利角砾岩。金伯利岩是产金刚石的最主要火成岩之一，一般被认为是一种碱性或偏碱性的超基性岩，是具斑状结构和（或）角砾状构造的云母橄榄岩。

要条件是较高的温度和稳定的超高压状态，岩浆在上升过程中压力应基本保持不变或下降速度很慢。但在地球的开放系统中，尤其是接近地表时，压力会迅速下降，岩浆上升过程中要想保持温度、压力变化不大，首先是岩浆上升速度必须很快。所以，金刚石多赋存于上升速度极快的爆炸岩管中。

除高温高压外，形成金刚石还需要具备适当的氧化还原环境，特别是氧逸度。在氧化环境下，金刚石被氧化成二氧化碳；若氧逸度过低，则金刚石与氢发生作用形成甲烷，即

$$C+O_2 \longrightarrow CO_2$$

$$C+H_2 \longrightarrow CH_4$$

金刚石形成的地质条件

金刚石的形成环境很苛刻，需要在特定的地质构造背景下才能够形成和稳定地保存。资料表明，金刚石都产于具有稳定结晶基底的古老克拉通地区。这些地区是在地质历史上曾发育过岩石圈厚度大于150 km的地域，只有这样的地区才能达到形成金刚石所需要的深度条件。

有人对出露金伯利岩的克拉通地区进行了总结，得出了一些规律性的特征。

（1）发育有岩石圈根或加厚的岩石圈，一般可深达200 km左右；（2）这些克拉通稳定固结的时间早，多数在太古代时期；（3）岩石圈的地温低，一般小于40 mW/m²，符合正常的地盾地温和低的地表热流值；（4）岩石圈地幔的氧逸度偏低。

金刚石的成因学说

关于金刚石的成因，历来就有争论。概括起来，主要有以下几种观点：一是地幔捕虏晶成因；二是幔源岩浆结晶成因；三是变质作用成因；四是陨石轰击成因。

（1）地幔捕虏晶成因学说

20世纪70年代以前，人们普遍认为

——地学知识窗——

克 拉 通

大陆地壳上长期稳定的构造单元，即大陆地壳中长期不受造山运动影响，只受造陆运动影响发生过变形的相对稳定部分，常与造山带（Orogen）对应。

金刚石是由于金伯利岩结晶而来的，但是这其中却有很多不可解释的现象，例如金刚石为何大部分出现于捕虏体内等（图2-16）。

80年代后，科学家研究得出金伯利岩中的金刚石是属于捕虏体成因的。理由有：第一，金刚石中的硫化物包裹体的年龄测定，获得了大于20亿年的模式年龄，而金伯利岩侵位于90万年。金刚石中石榴石包裹体的Rb-Sr和Sm-Nd模式年龄，均为太古代（32亿～33亿年）结晶产物，而它们的寄主岩侵位于中生代。第二，在同一个金伯利岩的岩筒内，发现有不同时代的金刚石，这表明金伯利岩在向地表上升和最终位置期间，可能从至少两个不同的幔源获取了金刚石。这些成果为金刚石属古老地幔结晶成因而岩浆只起了运

——地学知识窗——

地　幔

地幔（Mantle）位于地壳下面，是地球的中间层，厚度约2 865 km，主要由致密的造岩物质构成，这是地球内部体积最大、质量最大的一层。

地幔是地球的莫霍面以下、古登堡面（2 885 km）以上的中间部分，其厚度约2 850 km，是地球的主体部分。根据地震波的次级不连续面，以650 km深处为界，可将地幔分为上地幔和下地幔两个次级圈层。

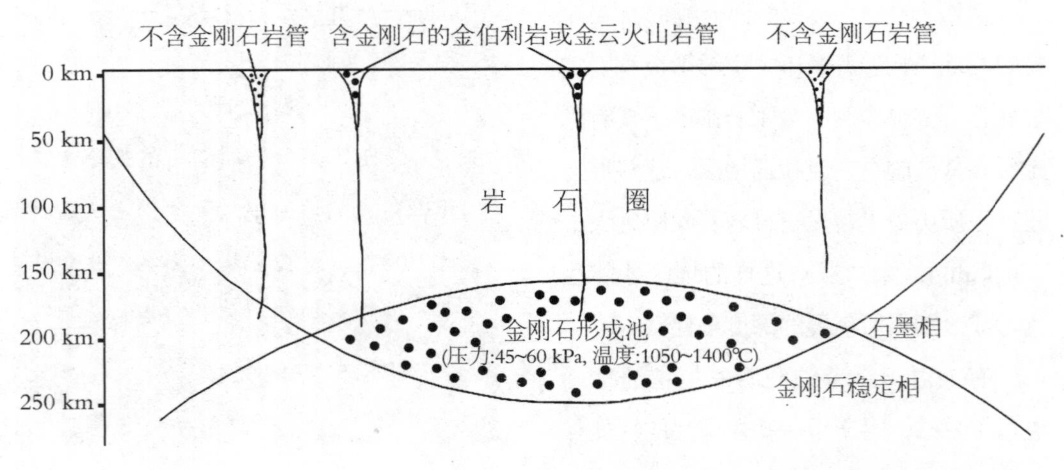

图2-16　金刚石的地幔捕虏成因示意图

载工具作用的观点提供了有利的证据，并得到了广泛的认可。

（2）幔源岩浆结晶学说

金刚石不仅形成于捕虏体中，在金伯利岩中也有发现，只是颗粒细小，晶形完整。然而如果详细研究就会发现与金刚石直接相关的岩石，几乎都与熔融作用有联系。在熔融作用的过程中铬进入熔体，造成铬的初始富集，随即发生地幔上隆对流事件。继续发生的熔融作用使更多的铬集中成富铬的岩浆囊，最后富铬的矿浆与硅酸盐岩浆分离，并贯入到固态的地幔岩中，形成矿床。这种观点也被高温、高压实验工作所证实。因此，有理由推测，从铬铁矿矿石中分离出来的金刚石也形成于相同的环境，即经历了熔体的阶段。

科学家认为，岩浆中结晶出金刚石必须具备三个基本条件：第一，碳源充足，这是形成金刚石的物质基础。根据有关岩石化学分析资料，金伯利岩等偏碱性超基性岩中的原生碳的含量高于其他岩浆岩，说明金伯利岩等偏碱性超基性岩类形成金刚石的可能性最大。第二，形成金刚石相应的热动力条件要具备，即高温、超高压条件。原始岩浆中的CO、CO_2、H_2O、F等挥发组分是产生超高压的动力。从岩石化学分析资料可以看出，金伯利岩和橄榄金云火山岩中的上述挥发组分的含量明显高于其他岩浆岩，因此，金刚石主要出现在上述岩类中。第三，金刚石的结晶是在幔源岩浆的残余熔融体中进行的，这种熔融体呈高度流体状态，有利于碳原子自由进出金刚石晶体格架。残余熔融体中富含碳的挥发组分和岩浆成因的金属硫化物，对金刚石的形成起到了关键作用。

——地学知识窗——

变质作用

变质作用（metamorphism）是指先已存在的岩石受物理条件和化学条件变化的影响，改变其结构、构造和矿物成分，成为一种新的岩石的转变过程。

（3）变质作用成因学说

变质岩中的金刚石是由俯冲板块在地幔深处经过变质作用形成的。

哈萨克斯坦北部Kokchetav地区的Kumdy-Kol金刚石矿床是世界上唯一的变质金刚石矿床。在该金刚石矿床中找到的岩相学证据证明，该金刚石矿床的主要含矿岩石大理岩曾经在俯冲带中循环到大于240 km的深部。金刚石矿床中碳（金刚石和石墨）的来源应该是碳酸盐岩。

（4）陨石轰击成因说

也有科学家认为，金刚石的形成与来自天外陨石的猛烈轰击有关，并发现一些陨石中常含有因撞击而形成的微粒金刚石。此外，在已发现的一些陨石撞击坑周围的岩石中，也常常有金刚石微晶的发现。这表明金刚石可因陨石撞击时瞬间产生的巨大压力和高温而形成。

据英国《每日邮报》报道，俄罗斯日前公布了一个20世纪70年代发现的钻石矿。该矿位于西伯利亚东部地区的一个直径超过100 km的陨石坑内，储量估计超过万亿克拉，能满足全球宝石市场3 000年的需求。

科学家表示，这个被称为“珀匹盖”（Popigai）的陨石坑的历史超过3500万年，它下面的钻石储存量估计是全球其他地区钻石储量之和的10倍。

“珀匹盖”出产的钻石又被称为“冲击钻石”，是类似陨石一样的物体撞击现有钻石矿后形成的产物。

不过这一观点的难点在于很难解释为什么有工业开采价值的金刚石矿床都与金伯利岩或钾镁煌斑岩有密切的生成关系，而不是出现在各种可能与陨石轰击作用有关的岩石里。

——地学知识窗——

陨 石

陨石（meteorite）是陨星穿过大气层尚未完全烧尽坠落到地面的残余体。大多数陨石来自于火星和木星间的小行星带，小部分来自月球和火星。陨石按成分大体可分为石陨石、铁陨石、石铁陨石。

陨石冲击成矿说

陨石冲击成矿说（hypothesis of meteorite impact mineralization）是指由于巨大陨石撞击地球时，地壳表层和内部物质受到强烈动力变质，导致岩石熔融、物质重组过程中发生的成矿作用或由陨石撞击引起地幔岩浆入侵而成矿的学说。

Part 3

名钻荟萃

钻石那坚硬无比的品质、美轮美奂的外形、璀璨夺目的光泽、光艳照人的色彩和摄人心魄的魅力，不仅是来自大自然的鬼斧神工，更是设计师抽象思维和加工师精湛技艺的体现，是地球人审美能力的升华和人类智慧的结晶，是人类爱美心的高度体现。

世界著名钻石

钻石，是经琢磨或加工后的金刚石，被当代人推崇为宝石之王。据不完全统计，世界上大于500 Ct的金刚石有32颗，400~500 Ct的有13颗，300~400 Ct的有17颗，200~300 Ct的有100多颗，100~200 Ct的有1 000颗左右。

“非洲之星”钻石

非洲之星钻石为一组钻石，是由同一颗天然金刚石“库利南”加工而成。

“库利南（Cullinan Diamond）”重3 106.75 Ct，体积约为5 cm×6.5 cm×10 cm，相当于一个成年男子的拳头，是世界最大的金刚石。1905年1月25日在南非的普列米尔矿山被发现，以公司创始人的名字“库利南”命名。它纯净透明，带有淡蓝色调，是最佳品级的宝石级金刚石。

——地学知识窗——

钻石的计量单位

克拉（Ct）是宝石的质量（重量）单位，现定1 Ct等于0.2 g。从1907年国际商定为宝石计量单位开始沿用至今。

南非德兰士瓦地方当局用15万英镑收购，运往伦敦，献给爱德华七世国王的66岁寿辰。后经过加工，被磨成了9粒大钻和96粒小钻，总重1 063.65 Ct，为库利南原石重量的34.25%。

“库利南”钻石分别作为王冠、权杖及其他装饰之用。“库利南”Ⅰ、Ⅱ、Ⅲ……Ⅸ号分别重530.20、317.40、94.40、63.6、18.8、11.5、8.8、6.8及

4.39 Ct。最大的Ⅰ号镶嵌在英王的权杖上（图3-1），亦称作“非洲之星第Ⅰ”，Ⅱ号现镶在英国国王的王冠上（图3-2），Ⅲ号镶在1911年制成的玛丽王后的王冠上。由“库利南”磨成的9粒大钻，全部归英国王室所有（表3-1）。

图3-1　非洲之星第Ⅰ（1910年，镶在英国权杖上，它形似水滴，重达530.2 Ct）

图3-2　非洲之星第Ⅱ（镶在英国王冠上，重317.40 Ct）

表3-1　库利南9粒大钻

序号	名　称	重量（Ct）	琢型	备　注
1	非洲之星第Ⅰ或库利南Ⅰ	530.2	梨型	琢磨了74个面，镶在英国国王的权杖上
2	非洲之星第Ⅱ	317.4	方型	磨有64个面，镶在英国王冠下方的正中
3	库利南Ⅲ	94.4	梨型	镶在英女王王冠的尖顶上
4	库利南Ⅳ	63.6	方型	镶饰在英女王王冠的边上
5	库利南Ⅴ	18.8	心型	
6	库利南Ⅵ	11.5	船尖型	
7	库利南Ⅶ	8.8	船尖型	
8	库利南Ⅷ	6.8	长方型	
9	库利南Ⅸ	4.39	梨型	

“无与伦比”钻石

世界上最大的有色钻石（图3-3）。原石890 Ct，切磨出407.48 Ct的梨型钻。该钻石是目前世界上第三大成品钻，“金色陛下”和“库利南I”排在前两位。“无与伦比”钻石的尺寸是53.90 mm×35.19 mm×28.18 mm，并被美国权威的珠宝鉴定机构鉴定为褐黄色，内部无杂质，为阶梯式盾型钻石。

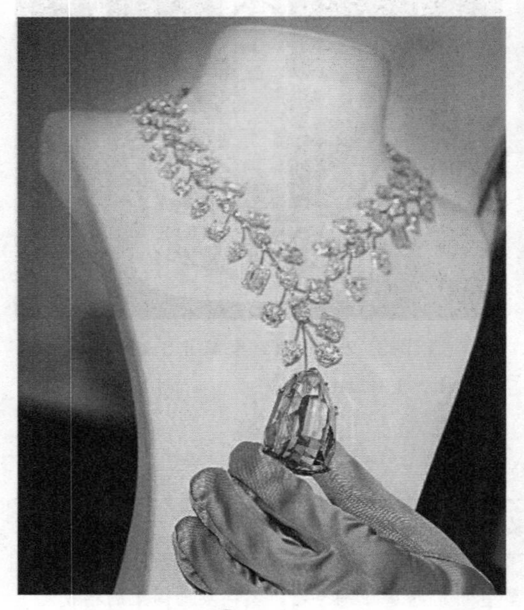
图3-3 “无与伦比”钻石

“无与伦比”钻石是18世纪80年代初，在现在刚果民主共和国姆吉马地区镇上，由一位年轻的女孩儿在叔叔家屋外的一堆碎石上玩耍时发现的。女孩儿将此颗钻石拿给她的叔叔，后者将钻石卖给当地的钻石贸易商，贸易商随后将此颗钻石卖给黎巴嫩买主并随之运出首都金沙萨。不久，此颗钻石在比利时安特卫普被德比尔斯公司购得，并转卖给了美国珠宝商。约在1984年后，此颗钻石被送至美国首都华盛顿的国家自然历史博物馆展览。

“金色陛下”钻石

1986年，德比尔斯在其位于南非的普雷米尔矿山发现了“金色陛下”钻石（Golden Jubilee Diamond），这是迄今为止发掘出来的第八大宝石级钻石，原石重755.50 Ct，呈深金褐色（图3-4）。

图3-4 “金色陛下”钻石

“金色陛下”钻石的切割加工于1988年5月24日正式动工，经过两年的艰苦努力，终于磨出了一颗有148个切面、重达545.67 Ct的大钻。这是世界上最大的加工钻石，比英王权杖上的“非洲之星第Ⅰ”还要重15.47 Ct。

切割后，德比尔斯将这颗钻石借给泰国钻石制造商协会展示。当时，等待一睹钻石真容的游客队伍超过1英里。

1995年12月3日是泰王加冕50周年纪念日，泰议员们经过慎重考虑，认为这颗钻石应是最好的纪念物，于是将其购入，命名为“Golden Jubilee”，即意为“金色的五十周年纪念”，并于12月举行的泰王加冕50周年纪念活动中呈献给了泰王，镶嵌在泰王特制的权杖顶端。

现在，这颗钻石作为泰国王室珠宝的一部分，正在泰国首都曼谷Pima-mmekGolden Temple寺庙的皇室博物馆展出。

“光明之山”钻石

“光明之山”钻石（图3-5）重105.6 Ct，无色，椭圆型琢刻形状，原产于印度戈尔康达。“光明之山”像折射历史的一面镜子，引发了无数次的血腥屠杀和争斗，而许多拥有它的君主则难逃噩运。

印度教经文中有这样一段文字：“谁拥有它，谁就拥有整个世界；谁拥有它，谁就得承受它所带来的灾难。唯有上帝或一位女人拥有它，才不会承受任何惩罚。”

“光明之山”虽然最终按古老的印度经文所言，被女人所拥有，但它仍然没有被看成是一块吉祥石，就连维多利亚女王也曾因“光明之山”钻石遭到两次袭击。而且，拥有“光明之山”的英国皇家贵胄几乎没有真正戴过它。“光明之山”一直被珍藏在伦敦塔里，象征着英国君主至高无上的地位，也无言地记录着它染满血腥的漫漫历程。

图3-5 “光明之山”镶在皇冠上

“摄政王”钻石

“摄政王”钻石以其罕见的纯净和完美切割而闻名，它被认为是世界上最美的钻石（图3-6）。

“摄政王”钻石的英文名称为Regent，重140.5 Ct，无色，古典型琢刻形状，原产于印度，是世界著名的钻石之一，现收藏于法国巴黎卢浮宫阿波罗艺术馆。“摄政王”钻石是一颗美丽、优质的钻石，一听到名字就知道这又是一颗与皇室贵族关系密切的珍宝，而它与后面我们提到的“希望”钻石一样，有着神秘噩运之说。

这颗钻石是在1701年，由在戈尔康达的克里斯蒂纳河畔帕特尔钻石矿干活的印度奴隶发现的，原重410 Ct。后来，马德拉斯的英国总督托马斯·皮特以2.4万英镑的价格买下了这颗钻石，并把它命名为“皮特”钻石。

法国国王路易斯十四死后，他5岁的曾孙登上了法国王位，由奥尔良公爵伊沙克·阿本戴纳担当摄政王。摄政王为了显示自己的权势，花费了13.5万英镑买下了这颗钻石，并取名为“摄政王”钻石。

1799年，拿破仑自命为第一执政官，他将这颗宝钻镶在他的宝剑护手上，同他一起战斗。不知是命运弄人，还是诅咒的力量，滑铁卢战役，拿破仑被击败了。拿破仑最后一次遭到放逐后，由于“摄政王”钻石价值连城，而且具有极其重要的历史意义，它被放置在卢浮宫以供公众参观（图3-7）。

图3-6 “摄政王”钻石

图3-7 卢浮宫里的“摄政王”钻石

在第二次世界大战期间，德国军队攻占了法国，1940年巴黎沦陷前，法国政府把“摄政王”钻石隐藏在卢瓦河畔香波尔城堡中一块不引人注意的护墙板内。德军元帅戈林曾以武力相威胁，要求交出这颗钻石，但并未如愿。1945年，“摄政王”钻石重返卢浮宫的阿波罗艺术品陈列馆，冷若冰霜地躺在展示盒里，散发着耀眼而又迷人的光芒。

“希望”蓝钻石

“希望”蓝钻石也被称为“噩运之星”，是世界上屈指可数的钻石王之一（图3-8）。该钻石具有极为罕见的深蓝色，而且隐约地透出一股诡秘的光芒。

图3-8 “希望”蓝钻石

1642年，法国探险家兼珠宝商塔维密尔在印度西南部首先得到了这块巨大的钻石，质量为112 Ct。塔维密尔将钻石献给了法国国王路易十四，可国王仅仅佩戴了一次，就患天花死去了。随后佩戴过这颗蓝色钻石的路易十五国王的情妇、路易十六的王后和路易十六王后的女友兰伯娜公主都被送上了断头台。

这颗蓝色钻石于1792年在法国的国库中被盗。后于1830年在伦敦的珠宝市场上一出现，当即被银行家霍普（Hope）买去。从此，这颗蓝色钻石被叫作“霍普”。由于英文Hope又是“希望”的意思，故又名“希望”。

1947年“希望”蓝钻石的标价为1 500万美元，这是它的最后一次标价。从此以后，“希望”蓝钻石再没有被拍卖过。1958年，“希望”蓝钻石被占有它的最后一个主人、美国珠宝商海里·温斯顿捐赠给了华盛顿史密斯研究院，现藏于美国史密苏尼博物馆。从此，它再也不是炫耀豪华和财富、增加个人娇美的装饰品，而是成为国家的财富和科学研究的标本。

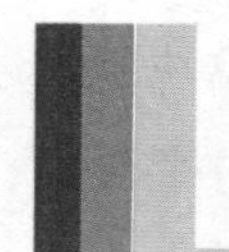

中国著名钻石

到目前为止，中国发现的11颗被命名的大金刚石均来自山东省临沂市辖区，其中6颗重百克拉以上的金刚石享誉国内外，分别是金鸡钻石、常林钻石、“陈埠1号”“蒙山1号”“蒙山5号”和“临沂之星”（表3–2）。

表3–2　中国大金刚石一览表

名称	重量（Ct）	发现时间	备注
蒙山1号	119.01	1983年11月24日	其中蒙山1~5号产自临沂蒙山建材701矿，其余6颗产自郯城县的砂矿。
蒙山2号	65.07	1991年5月31日	
蒙山3号	67.23	1991年10月15日	
蒙山4号	54.64	2005年5月20日	
蒙山5号	101.469	2006年5月27日	
常林钻石	156.786	1977年12月21日	
陈埠1号	124.27	1981年8月15日	
陈埠4号	96.94	1982年8月	
陈埠5号	92.85	1983年5月	
金鸡钻石	281.25	1937年	
临沂之星	338.6		

金鸡钻石

金鸡钻石是中国发现的最大钻石，重281.25 Ct，于1937年在山东省郯城县李庄镇被发现。

郯城县李庄镇东南5 km处有一片山

丘土岭，名曰金鸡岭，罗莫岭村就坐落在山下。1937年秋，该村贫苦农民罗佃帮在锄菜园时意外捡到了一颗钻石，大如核桃，通体黄色透明，耀眼夺目，形状恰似出壳的小鸡。因其产于金鸡岭，后来钻石被命名为“金鸡钻石”。

罗佃帮简直高兴得无法形容，左邻右舍看了以后均赞不绝口，说是无价之宝。有乡邻打趣说：“佃帮啊，你可真走红运，骑着金鸡一步升天了，有了这颗钻石就再也不用受穷啦！”可在背后也有人议论，说罗佃帮捡到这么大的一颗钻石，既是福又是祸。在那个世道，到处都是土匪，乡里恶霸横行，稍有不慎，就怕不被土匪抢去，也被恶霸夺走，甚至连性命都得搭进去。

果然，消息很快传到乡长朱希品的耳朵里。他对这颗钻石垂涎欲滴，总想把它搞到手。有一天，朱希品来到罗佃帮家，看过钻石后爱不释手，于是他心生一计，恫吓罗佃帮，说土匪头子已经知道这颗钻石，不但要抢，还要杀人灭口。朱希品看出罗佃帮有惧色，“好心”给罗佃帮想了个“万全之策”，说趁早把钻石卖掉，免得惹是生非。又毛遂自荐要替罗佃帮卖钻石，并说一定给卖个好价钱。罗佃帮是老实人，对外地行情不熟悉，同时他又怕权势，怕土匪抢，就无可奈何地托朱希品代卖。朱希品就这样把钻石骗到手了。

不久，驻李庄镇警察局长张英杰得知朱希品骗得一颗特大钻石，就把朱希品传到警察局，威逼他交出钻石。朱希品以代卖为理由申辩无效，只得交出钻石。为掩人耳目，张英杰通知罗佃帮到李庄警察局拉小麦，只给了他800斤小麦。罗佃帮回家后又气又恨，不久就病逝了。

1938年，临沂、郯城等地被日寇侵占，这颗钻石又被日军驻临沂伪道尹公署顾问川本定雄从张英杰那里强行要走。据说，川本定雄得了这颗钻石后，在侵华的日寇上层头目中又引起了互相争夺金鸡钻石的轩然大波。

1984年，《人民画报》第四期载文报道此事：“1937年秋，郯城县农民在金鸡岭下地干活，拾到重281.25 Ct的金鸡钻石，后被日本侵略军掠走，至今下落不明。”

常林钻石

该钻石由山东省临沭县华侨乡常林村农民魏振芳于1977年12月21日在田间松散的沙土中翻地时发现。钻石重

158.786 Ct，长17.3 mm，颜色呈淡黄色，质地纯洁，透明如水，晶莹剔透。晶体形态为八面体和菱形十二面体的聚形，比重3.52（图3-9）。魏振芳把这块宝石献给了国家，常林钻石也成为我国的国宝。现收藏于中国人民银行。

时光荏苒，追溯到1977年，这年的12月21日下午，22岁的临沭县岌山公社常林村女青年魏振芳，像往日一样在村西田沟平整土地时，一块晶亮的东西突然出现在她眼前，她急忙捡起来一看，发现是一块大金刚石。魏振芳发现金刚石的消息在当晚就传遍了整个村庄，竟然连几十里开外的村民都纷纷到她家里围观。很快，郯城803金刚石原生矿的领导得到了消息，派员到魏振芳家了解情况，确认是一块特大金刚石。

魏振芳一家人讲："金刚石是国家的资源，放在我们家里也害怕，我们全家商量好了，决定向国家献宝，已经写好献宝信，准备让村上的干部陪着我们到公社，让公社配上两杆枪护送到县里，然后护送到地区再护送到省里，最后送到北京献宝。"1978年7月26日，《人民日报》刊发了华国锋命名这块金刚石为"常林钻石"的消息。该事件也成为宝物上交国家的经典案例。

图3-9　常林钻石

"陈埠1号"钻石

"陈埠1号"钻石发现于1981年8月15日，是由原建材部803矿选获的一颗特大金刚石，属立方体与曲面菱形十二面体的聚形，单晶。晶体基本完整，只在扁平面的一侧因受冲击作用沿解理剥落一小块，破碎面边缘有小断口，断口边缘尖锐处由于磨损而略显圆化。立方晶面只保留一个不平坦的晶面，上面见有四边形凹坑；菱形十二面体晶面为外凸的曲面，在包裹体与裂隙出露处发育有溶蚀沟，晶面短对角线方向均有弯曲的面缝合线。金刚石呈棕黄色，透明，金刚光泽，含石墨包体。金

图3-10 “陈埠1号”钻石

图3-11 “蒙山1号”钻石

刚石体积为32 mm×31.5 mm×15 mm，重量为124.27 Ct（图3-10）。

“陈埠1号”钻石产自郯城陈家埠矿区陈家埠矿体，地层属第四纪更新世中期于泉组，岩性为被残积作用改造过的冲积砾石层。

“蒙山1号”钻石

“蒙山1号”钻石是1983年11月24日，在蒙山建材701矿选矿厂的料库，由张玉祥在对大块金伯利岩进行人工破碎时发现的。这颗金刚石为八面体与曲面六八面体的聚形，晶体完整，透明，无色略带淡黄色，呈金刚光泽，光彩夺目。而且“母”（*矿石*）、“子”（*金刚石*）和“胎衣”（*矿石和金刚石之间有层灰白色的硬壳*）保存完好。金刚石重119.01 Ct，若加上残留在母体（*矿石*）上的两小块，总重可达120.65 Ct。“蒙山1号”钻石晶体沿3个L4轴测得的长度分别为30.3 mm、30.1 mm和27.3 mm，晶体沿4个L3轴测得的长度分别为22.68 mm、22.66 mm、20.74 mm和19.66 mm（图3-11）。

“蒙山1号”钻石母体矿石产自“胜利1号”金伯利岩岩管，位于小岩管的中偏西北部，距地表41～48 m（标高212～219 m）。矿石岩性为深灰绿色的粗晶金伯利岩。

“蒙山5号”钻石

2006年5月27日，蒙阴建材701矿选矿车间工人刘霞同志在选矿皮带上手选大颗粒金刚石时，发现一颗重101.469 5 Ct的金刚石。“蒙山5号”钻石规格长28.62～28.85 mm，宽19.49～20.54 mm，高17.23～17.54 mm，浅黄色，金刚光泽，晶体为变形八面体晶形，表面具三角形晶面花纹及平行生长纹理。棱角处溶蚀现象明显，边部可见明显的次生裂隙，角顶及内部可见几处暗色裹体。长波紫外光下具中等强度的蓝色荧光（图3–12）。

“蒙山5号”钻石母体矿石产自“胜利1号”金伯利岩岩管，矿石岩性为深灰绿色的粗晶金伯利岩。

图3–12 “蒙山5号”钻石

临沂之星

“临沂之星”特大金刚石产自郯城，淡黄色，金刚光泽，晶面光滑，具有良好的收藏观赏价值和加工潜质。该金刚石重达338.6 Ct，为多个单晶体的聚合体，是目前已知我国最大的金刚石，现珍藏于平邑县天宇自然博物馆内。该金刚石晶体表面具有明显的倒三角形凹坑和微细层状纹理，网状溶蚀花纹和相互交错的微细层状纹理，以及勾状溶蚀沟等典型的金刚石特征。同时表面及纹隙显黄色，具有砂矿床选出的特征（图3–13）。

图3–13 “临沂之星”钻石

Part 4

钻石分级、优化与合成

钻石等级的划分是确定钻石价值的重要因素，国际上遵循着4C分级体系；钻石的优化处理是指以改善钻石的外观为目的，利用除打磨、抛光以外的技术手段来提高或改变钻石的净度、颜色等外观特征的一切方法；合成金刚石是在人工条件下利用碳质材料通过晶体生长的方法制造出来的人工材料。

钻石的分级

钻石是自然界中的一种珍贵宝石，其价值与钻石的品质有着密切的关系，因此，钻石等级的划分是确定钻石价值的重要因素。钻石分级是指从颜色（Colour）、净度（Clarity）、切工（Cut）、重量（Carat）四个分级要素来综合评定钻石最终的品质好坏的过程。由于四个分级要素都以英文字母C为开头字母，所以又称为4C分级。

颜色分级

钻石的颜色虽然丰富多彩，但自然界中绝大多数钻石为无色—浅黄色系列，真正无色的钻石几乎是不存在的，而彩色系列本身又特别稀少，所以，钻石的颜色分级是指经由颜色对比的方法，在规定环境中对无色—浅黄色（褐、灰）系列的钻石进行评比划分等级。

国际上有许多不同的钻石分级体系，各体系之间有所差别，但是在颜色分级的标准中，都逐渐地认同于美国宝石学院GIA所提出的色级标准。GIA的色级用英文字母表示，最高色级由D开始，最低色级为Z，共有23级。

我国《钻石分级标准》GB/T16554-2003明确规定，钻石的颜色分级采用英文字母表示的方法，将颜色具体分为5个大类12个颜色等级，即由D~N和<N这12个颜色级别作如下划分：D~H级，白色类，其中D~E色为极白，F~G为优白，H为白；I~J级，微黄白类；K~L级，浅黄白类；M~N级，浅黄类；<N级，黄色类（图4-1、4-2，表4-1）。

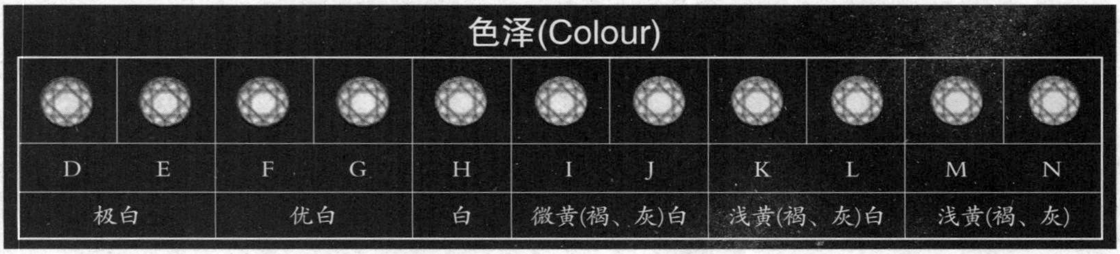

色泽(Colour)

D	E	F	G	H	I	J	K	L	M	N
极白		优白		白	微黄(褐、灰)白		浅黄(褐、灰)白		浅黄(褐、灰)	

图4-1　钻石色泽分级示意图

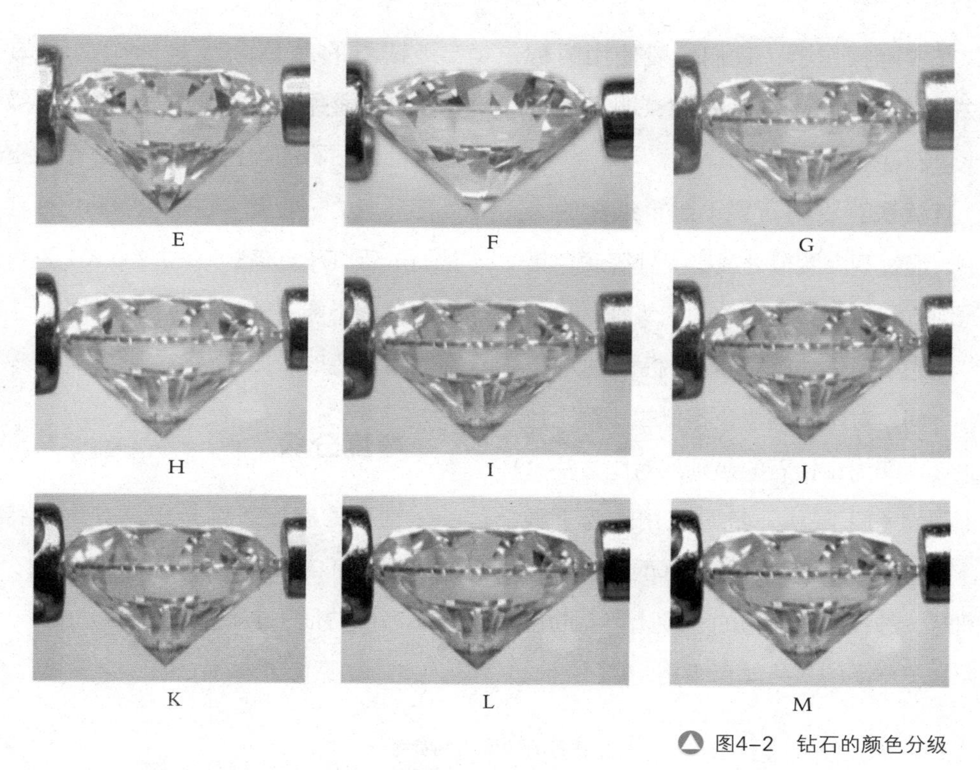

图4-2 钻石的颜色分级

表4-1 钻石的颜色分级判别参考表

颜色等级	说明及判别参考
E级	纯白色，透明
F级	白色，透明
G级	亭部和腰棱侧面几乎不显黄色调
H级	亭部和腰棱侧面显似有似无黄色调
I级	亭部和腰棱侧面显极轻微黄白色
J级	亭部和腰棱侧面显轻微黄白色，冠部极轻微黄白色
K级	亭部和腰棱侧面显很浅的黄白色，冠部轻微黄白色
L级	亭部和腰棱侧面显浅黄白色，冠部微黄白色
M级	亭部和腰棱侧面明显的浅黄白色，冠部浅黄白色
N级	任何角度观察钻石均带有明显的浅黄白色

在实际操作中，我们一般使用两种方法对钻石的颜色进行分级，即直读法和比色石法。

直读法：将钻石置于比色纸做的卡槽中，通过观察腰棱处或亭尖处等颜色集中的地方，目测该钻石的颜色级别。

比色石法：将钻石置于标准两颗比色石之间，对比找出颜色相似的一颗比色石的级别即为该钻石的级别。对比方法分为上限法和下限法，我国使用的为下限法，即被测样品颜色介于相邻两颗比色石之间时，选择颜色较低的一颗比色石的色级为被测样品的最终颜色级别。

钻石的颜色分级是一个严谨的过程，为了避免其他因素干扰到颜色分级的准确性，钻石的颜色分级需要一个稳定的外部环境，一般要求在暗室中利用标准的钻石分级灯（色温5 000~7 200 K）进行分级，周围不能有鲜艳颜色作为干扰，不能穿着带颜色的衣服。

净度分级

钻石的净度级别是根据其内部特征和外部特征的大小与明显性来确定的，也统称净度特征（表4-2，图4-3）。

表4-2　钻石的净度判别参考表

净度级别	说明及判别参考
LC	10倍放大镜下，看不见任何内外部特征，但允许：额外刻面位于亭部，冠部不可见；原始晶面和多余刻面位于腰围内，不影响圆度；内部生长线无反射现象，不影响透明度。
VVS（VVS_1、VVS_2）	极微小的内含物和微小的外部特征，10倍放大镜下极难发现。根据内部特征的数量、位置、颜色和外部特征确定亚级，VVS_1不允许台面中央可见内含物。典型的内含物包括：浅色的针尖、极微小的发丝、胡须、生长线和双晶面。
VS（VS_1、VS_2）	微小内含物和小的外部特征，10倍放大镜下困难发现。根据内含物的大小与外部特征的大小确定亚级，典型的内含物包括：一组针尖，云雾体、细小但比针尖略大的包裹体，腰棱上微小羽状体。
SI（SI_1、SI_2）	小的内含物和较明显的外部特征，10倍放大镜下易见，但冠部一侧肉眼不可见，SI_2从亭部一侧肉眼可见内含物。
P（P_1、P_2、P_3）	许多内含物，较大的或带有颜色的包裹体。

FL全美

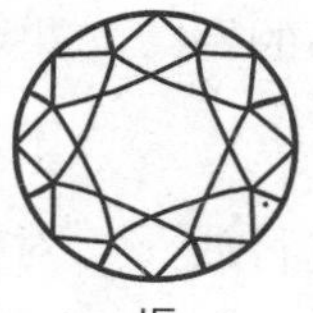
IF
内无杂质
表面有极细小瑕疵

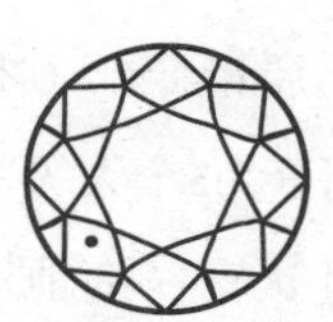
VVS_1~VVS_2
内含极细
微杂质

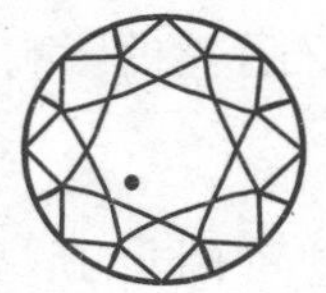
VVS_1~VS_2
内含非常
极细小杂质

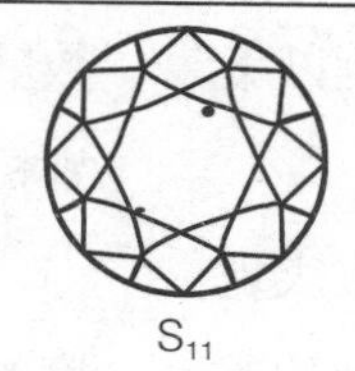
S_{11}

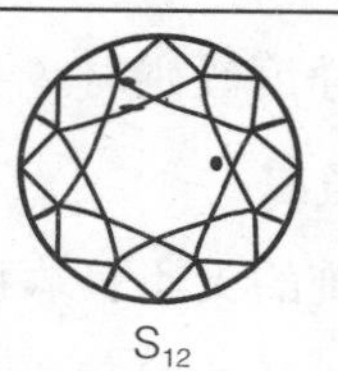
S_{12}

内含细小杂质

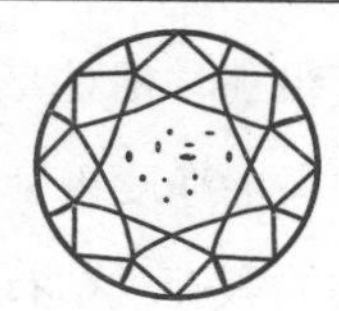

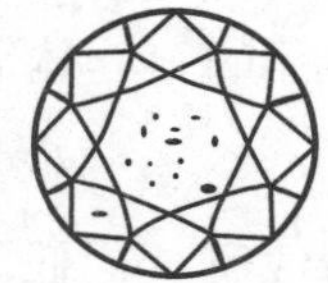

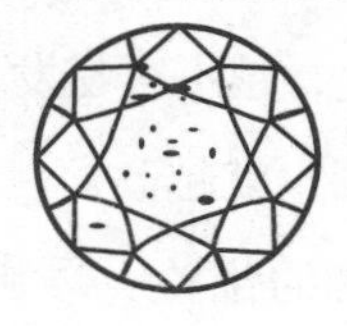

品质欠佳，内含肉眼可见杂质

图4-3 钻石的净度等级

内部特征包括各种内含物或包裹体、裂隙、双晶面（线）以及人工处理的痕迹等。外部特征包括抛光钻石表面上的划痕、微缺口、损伤、纹理、原晶面、额外刻面等现象。外部特征也是钻石净度级别评定的重要影响因素，但其重要性小于内部特征，主要影响高净度级别的评价。

净度分级各国规则大同小异，我国将钻石分为LC、VVS、VS、SI、P 5个大级别，又细分为LC，VVS_1、VVS_2，VS_1、VS_2，SI_1、SI_2，P_1、P_2、P_3 10个小

——地学知识窗——

包裹体

包裹体（inclusion），是矿物学中使用的一个术语，指矿物中由一相或多相物质组成的并与宿主矿物具有相的界限的封闭系统。包裹体的物质来源可以是与宿主矿物无关的外来物质或是相同于宿主矿物的成岩、成矿介质。包裹体的成分多样，形状和大小各异，既有固相，也有液相和气相的，还有这三种相态的不同组合。

级，对于质量低于（不含）0.47 Ct的钻石，可划分为5个大级别。

通过认真仔细地对钻石样品进行放大观察后，我们所观察到的瑕疵直接指示了该钻石样品的最终净度级别。在确定最终净度级别时，我们应该根据以下几点来考虑：

瑕疵的大小：瑕疵的大小直接表现为观察中的难易程度。越容易发现的瑕疵对净度的影响也越大，级别也相对越低；反之，越不容易发现的瑕疵所指示的净度级别也就越高。

瑕疵的位置：瑕疵所在的位置或所能观察到的位置越靠近钻石的台面（钻石各刻面与分区如图4-4所示），对净度的影响越大，级别也相对越低；相反，如果瑕疵所在位置越偏，垂直台面观察时越不容易观察，则钻石的净度级别也就相对要高。

瑕疵的数量：在分级观察中我们常常会在不同的位置发现不同的瑕疵，瑕疵数量越多，对钻石净度的影响也越大，级别相对越低。

瑕疵的类型：不同的瑕疵对钻石净度的影响不同，分级时指示的级别也不同。例如，模糊的云雾相对暗色的矿物包体来说考虑净度级别时相对要高，裂隙相对点状包体来说考虑净度级别时相对就要低，这与观察到的瑕疵对钻石品质总体好坏的影响有直接关系。

瑕疵的影像：由于在钻石加工时定位不精细，常常使得钻石内部的瑕疵处在全内反射的中心，导致在钻石整体观察中都能发现该瑕疵的投影，这同样也影响钻石的净度。瑕疵在钻石内反射的影像越多，会使人误认为钻石的瑕疵越多，也会降低钻石的净度级别。

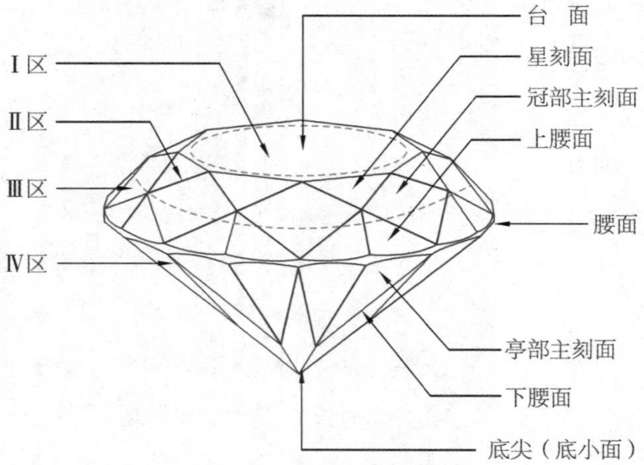

图4-4　钻石各刻面与分区示意图

切工分级

切工是指技师切割钻石瓣面的角度，以及完成切割

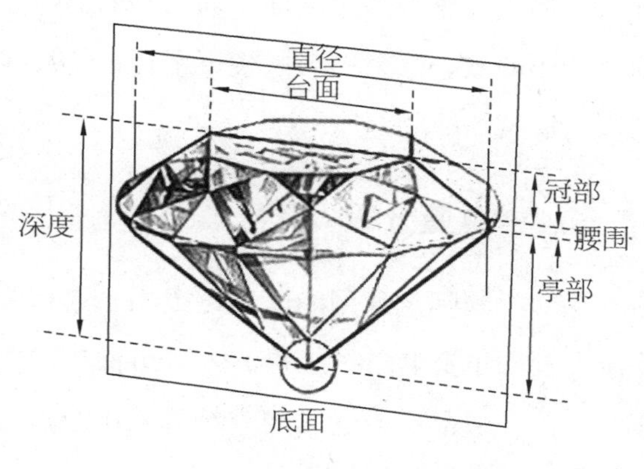

图4-5 钻石切割的结构分析

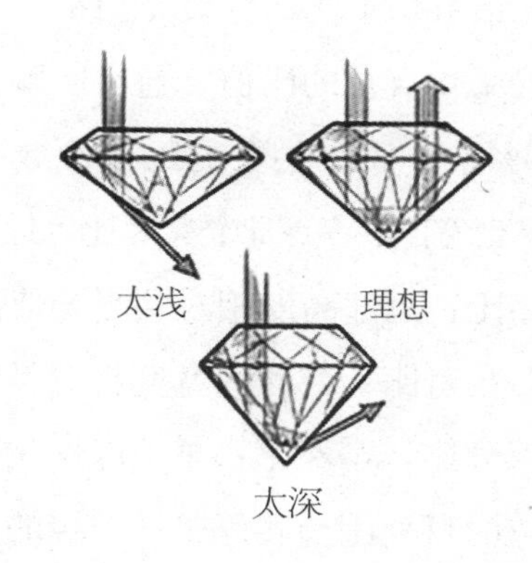

图4-6 切工对火彩的影响

后钻石各部分的比例（图4-5）。根据科学方程式，完美切工钻石应将进入钻石内的光线，经不同瓣面作内部反射，最后凝聚在钻石的顶部，绽放光华火彩。切割过深或过浅的钻石会令光芒由底部或旁边流走，失却光彩（图4-6）。因此，切割比例得宜的钻石的价值亦自然较高。

切工分级是通过检测钻石的比例、对称性及其他加工特征，并同一种理想琢型进行对比，得出切工质量好坏等级的方法。具体通过切工比例分级、对称性分级、修饰度分级来评定（表4-3）。

表4-3 国家标准钻石切工等级表

	一般（G）	好（VG）	很好（EX）	好（VG）	一般（G）
台宽比	≤50.0	51.0~52.0	53.0~66.0	67.0~70.0	≥71.0
冠高比	≤8.5	9.0~10.5	11.0~16.0	16.5~18.0	≥18.5
腰厚比	0~0.5 （极薄）	1.0~1.5 （薄）	2.0~4.5 （适中）	5.0~7.5 （厚）	≥8.0 （极厚）
亭深比	≤39.5	40.0~41.0	41.5~45.0	45.5~46.5	≥47.0
底尖比			＜2.0 （小）	2.0~4.0 （中）	＞4.0 （大）
全深比	≤52.5	53.0~55.5	56.0~63.5	64.0~66.5	≥67.0
冠角	≤26.5	27.0~30.5	31.0~37.5	38.0~40.5	≥41.0

钻石切工比例分级是指钻石各部分与腰平均直径的比值，通常以腰直径为100%来计算。主要的比例参数有冠高比、台宽比、亭深比、腰厚比、底尖比。冠高比：冠部高度相对腰平均值的百分比。台宽比：台面的宽度相对腰平均值的百分比。亭深比：亭部深度相对腰平均值的百分比。腰厚比：腰棱的厚度相对腰平均值的百分比。底尖比：底尖大小所占腰平均值的百分比。

完美的钻石在切工上要求几何对称，对称性的分级就是针对钻石在加工中出现的“偏离理想对称”的现象对钻石的切工等级作一个评定的方法。影响对称性的主要因素有以下几点：①圆度（仅针对圆钻型切工）：垂直台面观察，钻石不是标准的圆形。②冠亭变化：冠部和亭部的对称出现偏差，导致台面倾斜、腰棱厚度不统一（波状腰棱）等现象的出现。③台偏：钻石台面偏离中心点。④低偏：钻石低尖偏离中心点。

修饰度指的是钻石冠亭的统一性和各个刻面的一致性以及加工的精细程度。修饰度不好主要体现在以下几个方面：①钻石表面留有抛光纹；②钻石圆度不够；③冠亭刻面棱错位；④出现刻面不完整或多余刻面；⑤同种刻面大小不一致；⑥台面与腰棱不平行；⑦波状腰棱。

重量分级

国际上通用的以克拉（Ct）来作为钻石重量单位：1 Ct=0.2 g=100 pt（分）。

成品钻石通常要求精确到小数点后两位，例如1.25 Ct、0.35 Ct。

按照国际上的划分，0.05 Ct以下的为碎钻，0.05~0.22 Ct为小钻，0.23~1 Ct为中钻，1 Ct以上为大钻，10.8~50 Ct为特大钻，50 Ct以上为记名钻。一般来说，如果不是颜色罕见或是有其他方面特殊的地方，只有重量超过100 Ct的巨钻，才有资格载入世界名钻的史册。

——地学知识窗——

钻石重量的进位方式

钻石的进位方式为9进制，即只有小数点后尾数为9时才可进位。例如0.899 Ct可记为0.90 Ct，0.568 Ct则记为0.56 Ct。

按照国内的划分，小于0.2 Ct国家标准不分级，0.2~1 Ct既可按裸钻分级，也可按镶嵌钻石分级，大于1 Ct的钻石必须按照裸钻分级标准进行4C详细分级（表4-4）。

表4-4　　标准圆钻重量与直径对照表

克拉	0.05	0.10	0.20	0.25	0.30	0.40	0.50	0.70
直径mm	2.50	3.00	3.80	4.10	4.50	4.80	5.20	5.80
高度mm	1.50	1.80	2.30	2.50	2.70	3.00	3.10	3.50

克拉	0.90	1.00	1.25	1.50	1.75	2.00	2.50	3.00
直径mm	6.30	6.50	6.90	7.40	7.80	8.20	8.80	9.40
高度mm	3.80	3.90	4.30	4.50	4.70	4.90	5.30	5.60

钻石的优化处理

金刚石是珍贵、稀有的自然资源，且达到宝石级的金刚石数量稀少。为了更加充分地利用自然资源，提高钻石的价值，世界上越来越多的机构都在关注钻石优化处理的研究。

钻石的优化处理是指以改善钻石的

外观为目的，利用除打磨、抛光以外的技术手段来提高或改变钻石的净度、颜色等外观特征的一切方法，具体包括辐照与热处理、激光打孔、充填处理、覆膜处理和高温高压处理等技术方法。

涂层和镀层

这是改善钻石外观颜色最传统的处理方法，已经有四五百年的历史。其方法是根据颜色互补原理，在钻石的亭部表面涂上或利用氟化物镀上一层带蓝色的、折射率很高的物质，从而提高钻石的颜色级别。

辐照改色钻石

钻石的辐照改色是利用诸如α粒子、中子等高能射线对钻石进行辐照并改变其颜色的技术方法。利用辐照可以产生不同的色心，从而改变钻石的颜色。辐照钻石几乎可以呈任何颜色，但辐照改色后的钻石常常存在颜色不稳定的问题，所以常常在辐照后配合热处理。1971年，曾有人高价出售一颗104.52 Ct的金黄色垫型钻石。事后获悉，这颗钻石本色为浅黄色。这是钻石辐照改色最为著名的案例。

高温高压处理钻石

1988年美国通用电气公司（GE）采用高温高压（HTHP）的方法将比较少见的Ⅱa型褐色钻石处理为无色钻石，通过这种方法改色的钻石称为高温高压修复型钻石。

激光打孔

当钻石中含有固态包体，特别是有色和黑色包体时，会极大地影响钻石的净度外观。利用激光烧蚀钻石，形成达到黑色包体的开放性通道，再用强酸溶蚀黑色包裹体，从而可以提高钻石的表观净度。激光打孔后形成的通道，往往充填玻璃或其他无色透明的物质。

裂隙充填

20世纪80年代，以色列发明了外来物质充填处理钻石解理、裂隙、空洞和激光孔的技术和方法，以改善钻石的净度外观。经过充填处理的钻石称为裂隙充填钻石，充填物一般是高折射率的玻璃或环氧树脂。一般情况下，通过放大镜观察和X光照相等均能鉴定该类钻石。

金刚石的合成

钻石是大自然馈赠给人类的珍贵稀有资源，随着现代工业文明的发展，钻石不仅广泛用于珠宝首饰方面，在工业用途中也发挥着越来越重要的作用。因此，从18世纪开始，世界许多国家开始了探索合成金刚石的技术和方法。直到20世纪，随着热力学及高温高压技术的成熟，合成金刚石才成为可能。

合成金刚石是在人工条件下利用碳质材料通过晶体生长的方法制造出来的人工材料，它的化学成分、晶体结构、物理性质等与天然金刚石基本相同。目前，许多国家非常重视合成金刚石技术，并开始广泛利用。

世界人工合成金刚石工业的发展简况

1954年12月8日，美国通用电气公司研究发展中心的科学家本迪（F. P. Bundy）、霍尔（H. T. Hall）等人首先克服了高温高压工程、材料和测试方面的种种困难，成功地用石墨和含碳物质在金属熔体中合成金刚石。1958年，人工合成金刚石投入商业生产。从此，人工合成金刚石的产量逐渐超过了天然金刚石的产量。美国通用电气公司在合成工业金刚石后，又花了15年的时间，到1970年，宣告宝石级金刚石合成工艺成功。1971年公布了晶种温梯法的详细工艺。据称，只生产出重量分别为0.30 Ct、0.31 Ct、0.39 Ct的三粒透明金刚石，但代价之昂贵，无法与天然金刚石相比。1986年，前苏联对外机构宣布，苏联科学院在高温高压下合成一颗特大金刚石晶体，生成温度比太阳表面的温度还要高。1987年，南非德比尔斯公司金刚石研究室利用高温高压法在60小时内制出1 Ct的金刚石晶体；在180小时内合成5 Ct的金刚石晶簇，最大单晶为11.14 Ct，最大长度为16 mm，晶体呈立方体和八面体为主的聚形。这些金刚石一般呈黄色或棕黄色，无解理和裂纹，适于进行宝石刻面，也可用于拉丝模、切削刀具、辐射探测器等。

我国人造金刚石工业的起源、发展及现状

1969年，我国首个人造金刚石及其制品生产厂投产，标志着人造金刚石工业在我国的兴起。经历了近50年的发展，我国人造金刚石工业在技术、应用、产量、市场等方面都得到了迅速的发展。2005年，我国人造金刚石产量首次突破30亿Ct。2006年上半年，我国人造金刚石制造业总产值为7.2亿元，行业利润达2.4亿元。2011年，我国人造金刚石年产量已近100亿Ct。

近年来，随着建材、地质、机电、汽车等行业的市场投资不断扩大，对人造金刚石的需求也保持着较快的增长速度。天然气开发、石油勘探等大型工程项目在我国的不断推进，也使得人造金刚石工具的发展不断加快。此外，光伏用金刚石线的潜在新增市场也非常巨大。

人工合成金刚石的基本方法

目前，人类已掌握了多种金刚石的合成方法，按其原理来分，大体可以分为高温高压和亚稳态生长两类。

1. 高温高压法（HPHT）合成金刚石

1796年，S.Tennant将金刚石燃烧成CO_2，证明金刚石是由碳组成的。后来，又知道天然金刚石是碳在深层地幔经高温高压转变而来的，因此，人们一直想通过碳的另一同素异形体石墨来合成金刚石。根据热力学数据以及天然金刚石存在的事实，人们模仿大自然的高温高压条件将石墨转化为金刚石的研究，即所谓的高温高压（HPHT）技术。

早期合成金刚石的想法始于1832年法国的Cagniard及后来英国的Hanney和Henry/Moisson。但直到1953年，瑞典的Liander等才通过HPHT技术首次成功合成了金刚石。接着，美国通用电气公司的Bundy等人利用此法也得到了人造金刚石。他们把石墨与金属催化剂相混合，通常使用Fe、Ni、Co等金属作催化剂，在1 300~1 500 K和6~8 GPa的压强下得到了金刚石，并于20世纪60年代将HPHT金刚石应用于工具加工领域。

不用催化剂得到金刚石的实验在1961年获得成功。用爆炸的冲击波提供高压和高温条件，估计压强为30 GPa，温度约1 500 K，得到的金刚石尺寸为10 μm。1963年又在静压下得到了金刚石，压强为13 GPa，温度高于3 300 K，历时数秒钟得到的金刚石尺寸为20~50 μm。

目前使用HPHT生长技术，一般只能合成小颗粒的金刚石。在合成大颗粒金刚石单晶方面，主要使用晶种法。晶种法是在较高压力和较高温度下（6 000 Mpa，1 800 K），几天时间内使晶种长成粒度为几个毫米、重达几个克拉的宝石级人造金刚石。较长时间的高温高压使得生产成本昂贵，设备要求苛刻，而且由于使用了金属催化剂，使得金刚石中残留有微量的金属粒子，因此要想完全代替天然金刚石还有相当长的距离。而且用目前的技术生产的HTHP金刚石的尺寸只能从数微米到几个毫米，这也限制了金刚石的大规模应用。

2. 低压法合成金刚石

（1）简单热分解化学气相沉积法：在20世纪50年代末，用简单热分解化学气相沉积法合成金刚石，分别在前苏联科学院物理化学研究所和美国联合碳化物公司获得成功。具体做法是，直接把含碳的气体，比如CBr_4、CI_4、CCl_4、CH_4、CO或简单的金属有机化合物，在900~1 500 K时进行分解。由于气相的温度与衬底的温度相同，金刚石的生长速率很低，约0.01 μmh^{-1}，而且通常有石墨同时沉积。

（2）激活低压金刚石生长：1958年，美国Eversole等采用循环反应法，第一个在大气压下利用碳氢化合物成功地合成了金刚石膜，随后，苏联的Derjagin等也用热解方法制备出了金刚石薄膜。这项创新成果一直没有引起人们的重视，甚至受到嘲笑，因为人们普遍受到“高温高压合成金刚石”框框的限制。直到20世纪80年代初，日本科学家Setaka和Matsumoto等人发表一系列金刚石合成研究论文，他们分别采用热丝活化技术、直流放电和微波等离子体技术，在非金刚石基体上得到了每小时数微米的金刚石生长速率，从而使低压气相生长金刚石薄膜技术取得了突破性的进展。正是这些等离子体增强化学气相沉积（CVD）技术及其后来相关技术的发展，为金刚石薄膜的生长提供了基础，并使其商业化应用成为可能。

CVD是通过含有碳元素的挥发性化合物与其他气相物质的化学反应，产生非挥发性的固相物质，并使之以原子态沉积在置于适当位置的衬底上，从而形成所要求的材料。CVD法目前已成功地发展了许多种，如热丝CVD法、直流电弧等离子体CVD法、射频等离子体CVD法、微波等离子体CVD法、电子回旋共振CVD法、化学运输反应法、激光激发法、燃烧火焰法等。

2002年，瑞典科学家Isberg等人用等离子体CVD技术在金刚石基底上外延生长了金刚石单晶，它有很高的电荷迁移率，展现出碳芯片的前景。金刚石芯片能使计算机在接近1 000℃的高温条件下工作，而硅芯片在高于150℃时就会瘫痪。

由于碳芯片具有绝好的导热性能，金刚石器件可以做得更小，集成度进一步提高。目前，金刚石晶体管和发光二极管已在实验室实现，但离工业化还有一段时间，要解决的问题很多，其中包括片状金刚石的生长和掺杂问题。

（3）水热、溶剂热等其他合成技术： 1996年，Tingzhong Zhao、Rustum Roy等人用玻璃碳为原料，镍作催化剂，在金刚石晶种存在的条件下，通过水热方法合成出了平均粒径为0.25 μm的金刚石。1998年，钱逸泰院士和李亚栋博士以CCl_4为碳源成功地合成了纳米金刚石。2001年，Yu-ry Gogotsi等人用SiC作碳源，在1 000℃的条件下也合成了金刚石。这些合成的一个共同特征是在选择碳源上，要求碳原子必须与金刚石中的碳一样，这样向金刚石的转化会容易一些。事实上，CVD低压合成金刚石工艺中碳源的选择也是遵循这一原则的。该工艺中碳源一般是CH_4，CH_4分子是四面体结构，与金刚石中碳—碳四面体连接很类似，如果将CH_4中的4个氢原子拿掉，让剩下的骨架在三维空间重复，就得到了金刚石结构。

（4）陈乾旺等人的研究成果： 陈乾旺等人用自己研制的高压反应釜进行实验，用二氧化碳作原料，使用金属钠作为还原剂，在440℃和800个大气压的条件下，经过12小时的化学反应，成功地将CO_2还原成了金刚石。他们用碳酸镁代替CO_2，也成功地合成了金刚石。碳酸镁为固体反应物，容易操作，它的成功使用，一方面使工艺更加简化，另一方面为探索天然金刚石的起源提供了更多有价值的信息，因为碳酸镁是地球内部非常普通的矿物。金刚石合成工艺的探索是一项艰难的工作，两个多世纪以来，也曾有过几项新技术被报道，但难以重复而没有工业化，有的工艺甚至没有后续的进一步研究结果报道。还原CO_2合成金刚石有比较好的重复性，用碱金属Li、K代替Na也取得了成功。该工艺合成的小金刚石晶体，呈八面体外形，是典型的金刚石结晶习性，尺寸约10 μm，实验中发现尺寸增大，八面体外形消失。X射线粉末衍射及拉曼光谱的结果都证实产物为立方金刚石，与天然金刚石的拉曼光谱半高宽很接近，表明金刚石结晶得很好。该成果于2005年在《前沿进展》上发表。

Part 5 钻石用途

根据钻石质量的好坏，主要分为宝石级钻石和工业级钻石，宝石级钻石大部分作为宝石用于珠宝首饰，以“宝石之最”称誉世界。部分宝石级和近宝石级钻石以及工业级钻石可制成各种钻石工具应用于工业和高科技领域。

装饰用钻石

钻石饰品曾经只有皇室贵族才能享有，如今，它已成为百姓都可拥有、佩戴的大众宝石（图5-1、图5-2）。

图5-1　钻石耳钉

图5-2　钻石戒指

钻石可美化生活

说起装饰用钻石，人们可能首先想到的是诸如女性的头饰、项链、手链、耳坠、耳环等等。实际上，钻石的装饰性能是巨大的，只要显露的地方，均可用钻石进行装饰，但是受资源的稀缺性和昂贵价格的限制，其装饰的空间不能无限拓展。相当长一段历史时期，人们无法对金刚石进行切割，在神庙里或在皇宫里被用作饰物的就是金刚石原石。至1454年，荷兰匠师发明了以金刚石琢磨金刚石的加工方法，出现区别于金刚石原石形态的“钻石”一词。金刚石晶体才真正成为钻石，进入钻石首饰的时代。古往今来，人们曾用钻石装饰过皇帝的皇冠、手杖和座椅，也曾装饰过佛像，甚至装饰过贵族的纽扣。2008年，有人申请了专利，用钻石镶嵌或粘贴装饰画。阿联酋首都豪华酒店用钻石装饰圣诞树，另有阿联酋富豪曾定制过用4 000颗钻石装饰的蛋糕……

——地学知识窗——

钻石的造型设计

钻石的造型设计就是根据传统的钻石款式，结合现代款式的发展趋势，综合运用光学原理、钻石晶形特征和造型艺术设计钻石的主型与腰型款式。

耳饰包括耳钉（图5-3）、耳环、耳线、耳吊等。

项饰包括项链、吊坠（图5-4）、项圈（图5-5）等。

图5-3 耳钉

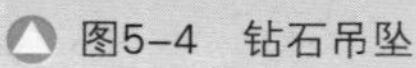

图5-4 钻石吊坠

图5-5 钻石项圈

手饰包括戒指、手镯、手链（图5-6）等。

足饰包括脚链、脚环等。

头饰包括皇冠（图5-7）、发卡等。

服饰专指服装上的饰物，包括领花、领带夹、胸针（图5-8）、袖扣（图5-9）等。

图5-6 钻石手链

图5-7 钻石皇冠

图5-8 钻石胸针

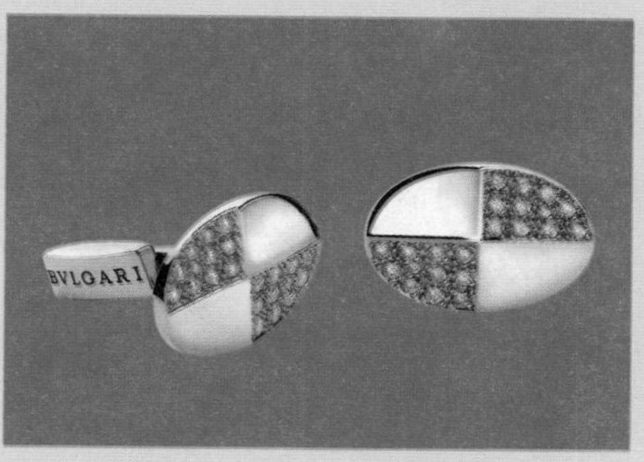

图5-9 钻石袖扣

钻石可收藏增值

钻石是地球上最稳定的矿物之一，在常温常压条件下，可千古流传，是真正的金刚不坏之躯。钻石之所以得到众多投资者的青睐，主要归结于其易于保存、具有巨大的升值潜力。

从1934年以来，钻石的价格增长大幅超过了通货膨胀率，因此，投资钻石可使资本保值甚至增值。钻石也有别于一般的期货商品投资，每天不会有剧烈的价格波动，也没有任何政府会堆积钻石库存，因此，各国政府并不会控制和影响钻石的自由交易市场。由于钻石的国际需求大于供应，因此，钻石很容易在世界的任何地方买卖和交易。

从钻石销售市场的发展看，它没有黄金价格的起伏那么大，也没有投资艺术品的风险高，基本是在稳步攀升。特别是大颗粒高等级的钻石升值空间更高。而且，随着国人消费理念的改变，艺术审美能力的提升，兼具人文性、品位性、艺术性的钻石饰品也成为收藏行业中不可或缺的藏品。

2011年之前，国际钻石报价每年稳定在10%左右的涨幅，随着中国、印度、巴西等新兴市场对钻石需求的激增以及国际钻石产区产量的下降，国际钻石报价大幅攀升。2011年上半年以来，国际钻石报价连续多次上调，累计增幅已经超过了45%，如此频繁的提价和近五成的涨幅，创造了钻石市场近10年以来的新高。2011年，我国上海钻石交易总额增长达到63%，超过了比利时安特卫普、以色列特拉维夫和印度孟买等世界主要钻石中心。

钻石仍然有升值的空间。管理咨询公司贝恩2011年年底发布报告称，中国和印度的需求将带动钻石需求未来10年的增长，年增速超过6%，市场规模扩大近1倍。业内人士认为，随着钻石需求的增长，钻石价格或将保持高位，钻石投资的额外需求也会推动价格上涨。

然而，并不是所有的钻石都具有投资价值。实际上，小粒度的钻石饰品是不具备增值意义的。业内人士认为，最好选择3 Ct以上、高级别的裸钻进行投资，这类钻石价格稳定，投资安全性相对较高，从近年的涨势来看，这类钻石上涨幅度较大。

中国是亚洲最大的钻石市场之一，年消费钻石达11亿美元；钻石有稳定的国际价格标准，从近10年来看，钻石的保值功能还是很强的，是国际公认的“硬通货”。每年钻石的价格都平稳上涨5%左右，尤其是优质钻石升值潜力更大。

彩钻是钻石中的精髓，非常稀少。颜色稀有且饱和度高、净度等级高的彩钻，价值也就越高（图5-10）。

彩钻价值以红色系列最高（图5-11），

图5-10 粉色钻石

图5-11 红色钻石

蓝色与绿色（图5–12）系列次之，而黑钻的价值最低。彩钻的价钱比相同体积的无色钻石要高出200倍以上，比相同重量的黄金要贵2 000倍以上，被誉为是“世界上最为浓缩的财富”。

综上所述，作为投资来讲，所选钻石4C等级越高越好。颜色等级在G级以上，净度等级在LC(FL或IF)与VVS之间，重量在2 Ct以上，切工等级“好”和“很好”，并且应该附带有国际通用的鉴定证书，这样的钻石收藏价值才大，升值空间也大，而且转售率也会较高。另外一类值得收藏或投资的就是彩钻。彩钻应该尽可能选择粉色、绿色、蓝色的天然钻石（人工改色的钻石没有收藏与投资价值）。特别是重量在50 pt（0.5 Ct）左右、净度达到VS的彩钻，其收藏与投资价值就很高了。

图5–12 钻石皇冠

工业用钻石

钻石具有超硬、耐磨、热敏、传热导、半导体及透远等优异的物理性能，除了作为宝石制成饰品外，还有许多重要的工业用途，如精细研磨材料、高硬切割工具、各类钻头、拉丝模等。钻石还被作为很多精密仪器的部件。

20世纪70年代，钻石被用于现代尖端科学技术的许多领域，如用于航空工业的陀螺仪、激光器中的金属反射镜，雷达的波导管内腔，激光打印机中的多面棱镜，录像机磁头、复印机硒鼓、计算机磁盘基片以及太空望远镜中的大型反射镜等。在现实需求的推动下，在现有钻石车削技术基础上，天然钻石刀具和超精密镜面切削技术得到迅速发展。

钻石的分类

根据氮元素的含量，钻石分为Ⅰ、Ⅱ两型：Ⅰ型含氮量0.01%～0.25%，是绝缘体；Ⅱ型含氮量小于0.001%；根据含氮量多少及氮的赋存状态，又将钻石分为Ⅰa、Ⅰb、Ⅱa、Ⅱb四个亚型。98%的天然钻石属Ⅰa型，含氮0.1%～0.2%。Ⅰb型含少量的氮，绝大部分是人造钻石。Ⅱa型约占天然钻石的2%，含微量氮，呈游离方式，具特别的解理，并具有极好的透光性和导热性，其导热性在室温下为铜的3倍。Ⅱb型钻石约占天然钻石的1/1000，几乎不含氮，含微量的硼、铍、锆等杂质元素，呈天蓝色，除具有一定的导热性和良好的导光性之外，还是优良的P型半导体材料。Ⅰ型和Ⅱ型钻石特征比较见表5-1。

表5-1　Ⅰ型和Ⅱ型钻石特征比较

类　别	Ⅰ型		Ⅱ型	
	Ⅰa型	Ⅰb型	Ⅱa型	Ⅱb型
含氮量	0.1%～0.2% 呈小片状存在。天然钻石中98%属于此类	少量 以分散的顺磁性氮存在。人造钻石属于此类	极少 呈游离态	几乎不含
导热性	较好，热导率为Ⅱa型的 1/3		极好 热导率室温下为铜的3倍	较好
导电性	不良导体		不良导体	P型半导体
导光性	差		好	
双折射	能观察到		观察不到	
X射线衍射	显示出附加的斑点和条纹		正常	
紫外线吸收	在波长为3～13 μm范围内吸收		在波长为3～6 μm范围内吸收	
紫外线吸收	在波长小于0.3 μm范围内吸收		在波长小于0.225 μm范围内吸收	
晶体特征	多为平面晶体，具有较好的几何形态		多为曲面晶体，或平面—曲面晶体，解理好	

Ⅰ型钻石和Ⅱ型钻石的用途

Ⅰ型钻石具有高硬度、高耐磨、优良的导热性及热膨胀系数低、摩擦系数小等特性，可制成磨料、锯片、刀具、拉丝模、钻头，广泛应用于石材、建材、电器、金属—非金属工业、加工，地质、石油钻探、机械加工等传统工业领域及航空航天、汽车、电子信息、光伏等新兴科学技术领域（图5-13）。

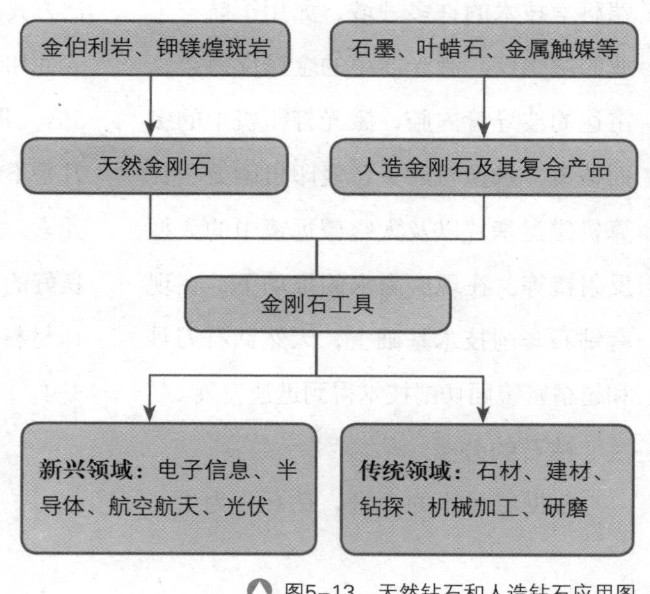

图5-13　天然钻石和人造钻石应用图

Ⅱ型钻石具有优异的光学、热学和电学性能，广泛应用于光学仪器、电子工业、原子能工业、空间技术、高能物理及医学等国防尖端工业和高技术领域。Ⅱ型钻石用作导热材料、光辐射和X射线观察窗、粒子计数器、紫外线强度传感器、声响扩散器；用于人造卫星、宇宙飞船和远程导弹上的红外激光器的窗口材料。若将之用于集成电路和阴极电子管，可以大大缩小设备体积并使计算机运算速度提高一个数量级。

目前，人造钻石可以在绝大部分领域替代天然钻石，但Ⅱ型钻石绝大部分需采自天然（Ⅱ型钻石约占天然钻石的2%）。Ⅱ型钻石是一种重要的战略物资。

——地学知识窗——

聚晶金刚石复合片

聚晶金刚石复合片（PCD）属于新型功能材料，采用金刚石微粉与硬质合金衬底，在超高压高温条件下烧结而成。其既具有金刚石的高硬度、高耐磨性与导热性，又具有硬质合金的强度与抗冲击韧性，是制造切削刀具、钻井钻头及其他耐磨工具的理想材料。

钻石工具

钻石行业需求端的最终产品是钻石制品，也就是钻石工具。钻石工具主要包括磨具、锯切工具、钻探工具、切削工具、修整工具、拉丝模具、其他工具和特殊仪器元件等（表5–2）。

表5–2　钻石工具及用途

钻石工具	具体产品及用途	产品示例
磨具	钻石砂轮、砂瓦、珩磨磨石、异型磨头、钻石砂带、精磨丸片、研磨膏等。	
锯切工具	分为两类：一类是锯切花岗石、大理石、混凝土用的圆锯、带锯、排锯、绳锯等；另一类是切割金属及半导体材料的内圆切割片和外圆切割片。	

续表

钻石工具	具体产品及用途	产品示例
钻探工具	包括地质、石油、煤炭、冶金等部门的勘探和开采用的钻头、扩孔器以及建筑工程套钻。	
切削刀具	钻石聚晶复合片或天然大单晶制成车刀、镗刀、铣刀，用来精加工汽车、飞机、精密机械上的非铁金属零件及塑料、陶瓷之类的非金属材料。	
拉丝模具	钻石聚晶制成拉丝模，拉制电线、灯丝、筛网丝等各种金属细丝。	
修整工具	成型修整滚轮，修正笔，修整块。	
其他工具	画线刀、玻璃刀、雕刻刀、套料刀、什锦锉、量具测头、轴承、唱针、钻石手术刀等。	
特殊仪器元件	硬度计压头、表面粗糙度仪测头、高压腔压砧、内燃机喷嘴、大功率三极管、红外窗口、微波器、激光器、大规模集成电路中的钻石散热元件、电阻温度计等。	

磨具、锯切工具、钻探、切削刀具和拉丝模具是钻石的五大应用领域。钻石磨具主要应用于电子电器和光学玻璃等工业的打磨、研磨及抛光；锯切工具广泛应用于建筑材料中天然石料和人造石料的切割加工；钻探工具主要应用于地质勘探、矿石开采和油气井的钻探；切削刀具用于机械加工，拉丝模具专用于各种金属丝的

拉制。天然钻石及人造钻石工具应用如图5-14所示。

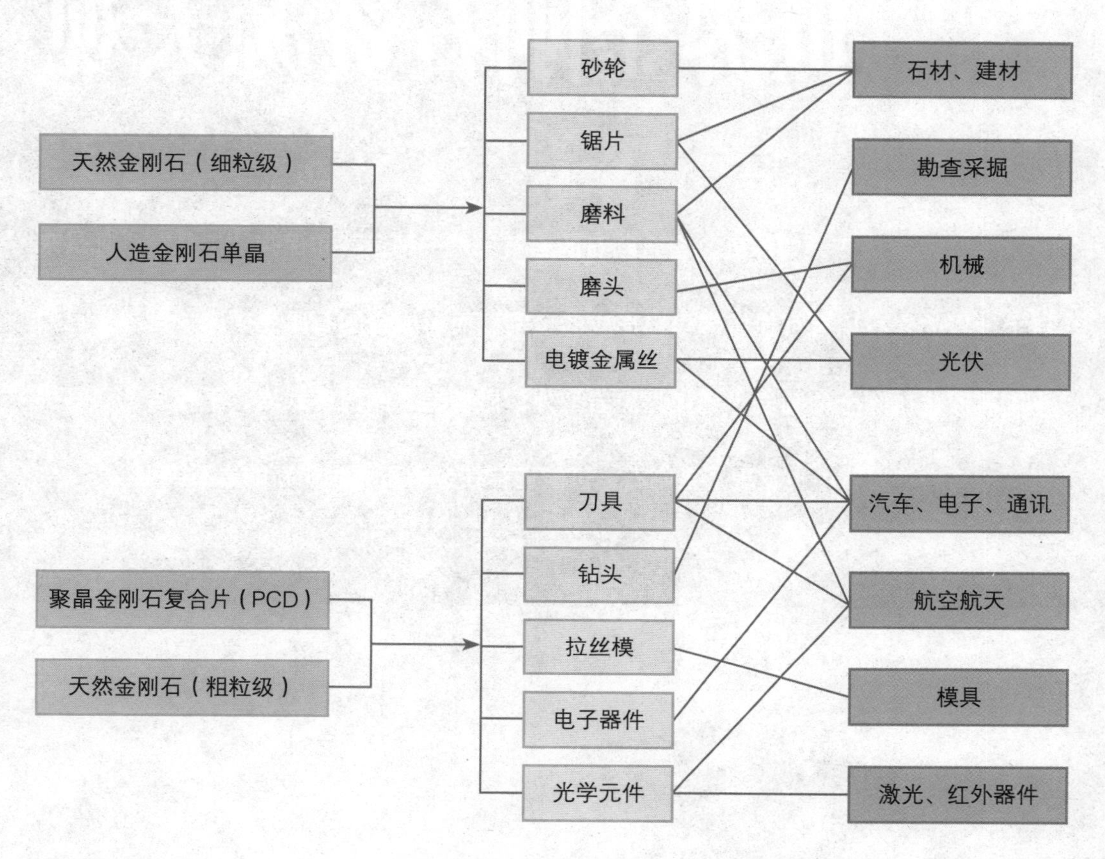

图5-14　工用级天然钻石（含人造钻石）工具应用图

Part 6 世界金刚石资源大观

金刚石形成于地幔深处，含金刚石的岩石只是一种运载和保存“工具”，凡是来自上地幔的岩石均有可能携带早已形成的金刚石而形成金刚石原生矿床。世界上已知金刚石原生矿除金伯利岩、钾镁煌斑岩型外，橄榄岩、橄榄玄武岩、千枚岩、科马提岩、榴辉岩等岩石中也发现了金刚石，可能还存在金刚石原生矿新的岩石类型。

世界金刚石资源概况

金刚石矿成因类型及分布情况

金刚石形成于地幔深处，含金刚石的岩石只是一种运载和保存“工具”，凡是来自上地幔的岩石均有可能携带早已形成的金刚石而形成金刚石原生矿床。世界上已知金刚石原生矿除金伯利岩、钾镁煌斑岩型外，橄榄岩、橄榄玄武岩、千枚岩、科马提岩、榴辉岩等岩石中也发现了金刚石，可能还存在金刚石原生矿新的岩石类型。

常见的金刚石矿床可以分为原生矿床和次生矿床。原生金刚石矿床属于岩浆型矿床，而次生金刚石矿床根据砂矿的形成时期，可将其划分为古代砂矿和现代砂矿两种类型。古代砂矿主要是指在第四纪以前形成的砂矿床，沉积物已经固结。现代砂矿是指第四纪以来形成的砂矿床，沉积物未固结。

金刚石按成因可分为原生矿和砂矿两大类型：

1.原生金刚石矿床

该类矿床位于相对较为稳定的克拉通地区，金刚石在上地幔的橄榄岩或榴辉岩中结晶后，被来源更深的金伯利岩岩浆或钾镁煌斑岩上升时带至地表浅处，主要以岩管或岩脉形式产出。

原生金刚石矿床有金伯利岩型和钾

——地学知识窗——

原生矿床

原生矿床指组成该矿床的有用矿物系原地形成的，即有用矿物形成后其物质组成与周围共生矿物的相对位置未经外力的改变。

次生矿床

组成该矿床的有用矿物不是原地形成的，而是由异地搬来的。如许多宝石砂矿中的宝石是被流水、冰川等从其他地区搬运来的。

镁煌斑岩型两种，其中，金伯利岩筒和岩脉的金刚石矿床现占世界金刚石总产量的75%左右，在20世纪70~80年代则占20%~30%。

2.金刚石砂矿床

可分为坡积砂矿床、冲积砂矿床、洪积砂矿床、残积砂矿床和滨海砂矿床等。砂矿床的金刚石来源于原生金伯利岩风化剥蚀的产物，或来自于砂矿的风化剥蚀再沉积。砂矿床的金刚石质优者较多，具有矿床分布广、易采、易选、投资少、见效快等特点，是非常重要的金刚石矿床类型。世界砂矿床金刚石的产量约占金刚石总产量的25%，在20世纪70~80年代可占70%~80%。

（1）坡积砂矿床：重要的有刚果（金）的柳比拉什区和象牙海岸的托尔齐亚地区，多分布于岩筒火山口或附近的岩溶溶洞中，砂矿中金刚石平均品位为2.75~3.02 Ct/m^3，金刚石多为细粒级，质量较差，宝石级金刚石占其总产量的2%左右。

（2）冲积砂矿床：此类砂矿分布较广，约占金刚石总产量的30%。重要的矿产地有：加纳比利姆和加什地区的金刚石砂矿床，平均品位约为2.5 Ct/m^3；刚果（金）西南部开赛河流域的切卡帕地区冲积砂矿床，金刚石品位为0.5~0.6 Ct/m^3，宝石级金刚石占该地区总产量的30%~35%；南非沿奥兰治河和瓦尔河及其支流的金刚石砂矿，金刚石质量较高；塞拉利昂的莫阿、特伊和塞瓦等河流域有冲积砂矿产出，平均品位可达1.01~1.18 Ct/m^3。此外，在南美、亚洲和澳大利亚等地区也有冲积砂矿床。

（3）滨海砂矿床：此类矿床分布较少，仅有纳米比亚和南非开采此类矿床，约占金刚石总产量的5.4%。纳米比亚在奥兰治河口到库内内河口之间的大西洋沿岸开采滨海砂矿，平均品位0.26 Ct/m^3，晶粒平均重0.88 Ct。

洪积沙矿床和残坡积沙矿床产量较小，工业意义不大。

——地学知识窗——

砂矿床

又称“机械沉积矿床”，是由岩石或矿床在地表风化、侵蚀和搬运过程中分离出来的化学性质稳定的重矿物等机械碎屑物富集堆积而成的矿床。按成因和堆积的地貌条件，可分为残积砂矿、坡积砂矿、冲积砂矿、阶地砂矿和滨海砂矿等。

世界金刚石主要产出国概况

世界上至少有35个国家或地区发现了天然金刚石资源。据美国地质调查局统计，世界工业级金刚石储量5.8亿t，基础储量13.0亿Ct。宝石级（包括近宝石级）金刚石基础储量估计有3亿Ct。世界金刚石产区主要集中在南非、俄罗斯、博茨瓦纳、刚果（金）和澳大利亚等国（表6–1）。

表6–1 世界工业级金刚石储量和基础储量（2011~2012）

单位：亿Ct

国家或地区	储量	基础储量	国家或地区	储量	基础储量
世界总计	5.80	13.00	南非	0.70	1.50
刚果（金）	1.50	3.50	俄罗斯	0.40	0.65
博茨瓦纳	1.30	2.30	中国	0.10	0.20
澳大利亚	0.95	2.30	其他	0.85	2.10

目前，全世界金刚石产量每年约 $9\,000\times10^4$ Ct，其中宝石级（钻石）占17%，约为 $1\,530\times10^4$ Ct。主要金刚石产出国是澳大利亚、刚果（金）、博茨瓦纳、俄罗斯、南非5国。其他金刚石产出国还有纳米比亚、安哥拉、中非共和国、巴西、委内瑞拉、加纳、塞拉利昂、几内亚、象牙海岸、中国、利比里亚、坦桑尼亚等。

现将世界主要金刚石产出国的情况简单介绍如下：

南非

提到金刚石，世人印象最深的就是南非。这是因为：

（1）南非出产了世界上最大的重3 106 Ct的金刚石——“库利南”钻石，且质地极佳。

（2）赋存金刚石的角砾云母橄榄岩首先被确认于南非的金伯利地区，被命名为“金伯利岩”而闻名于世。

（3）控制南非及其他非洲一些金刚石产出国金刚石开采、加工、分级、定价、销售的德比尔斯联合采矿有限公司总部设在南非。

南非年产金刚石超过 10×10^6 Ct，其中宝石级占25%，近宝石级37%，工业级38%。南非出产的金刚石不仅颗粒大，而且色泽美丽多样，从无色到红、黄、蓝、褐、墨绿、金黄等色都有。

澳大利亚

澳大利亚主要的金刚石矿床分布在

西澳大利亚州库木努拉（Kumunurra）以南120 km的阿盖尔，矿床是20世纪70年代末期才发现的，是世界上最大最富的超大型金刚石矿床。另外，澳大利亚西部波文河（Bow River）亦有金刚石产出。澳大利亚年产金刚石大于35×10^6 Ct，居世界首位，其中宝石级5%，近宝石级45%，工业级55%。

俄罗斯

俄罗斯的金刚石矿产分布在西伯利亚的雅库特自治共和国宋塔尔和奥列尼奥克以及扬古迪亚，这些地方共发现500个金伯利岩筒（管），其中只有10%是含金刚石的。

金刚石是俄罗斯最重要的出口产品之一。据俄罗斯地质与矿产资源委员会的统计资料，1993年俄罗斯未经加工的金刚石的出口数为843.65×10^4 Ct，价值121 840万美元。

刚果（金）

刚果（金）的金刚石资源非常丰富，金刚石矿床开发较早。在1986年被澳大利亚超过以前，刚果（金）一直是世界金刚石产量最大的国家。刚果（金）年产金刚石约20×10^6 Ct，其中工业级大于65%，宝石级小于5%，近宝石级30%。刚果（金）金刚石产量虽然居世界第二位，但由于产品中工业级占的比重大，其产品的平均价格每克拉小于10美元，因而经济价值相对较低。

博茨瓦纳

博茨瓦纳从1955年开始金刚石矿的普查，历经12年的艰苦努力，于1967年发现了原生金刚石矿床。博茨瓦纳金刚石矿山都很年轻，其储量足够开采40年以上，生产能力强，潜力很大。博茨瓦纳年产金刚石约18×10^6 Ct，产品中宝石级占20%，近宝石级50%，其余30%为工业级。

安哥拉

安哥拉是世界上主要产金刚石的国家之一，20世纪70年代年产量达240×10^4 Ct，居世界第五位。由于种种原因，自1975年以来，产量急剧下降，到1978年产量只有65×10^4 Ct。

安哥拉金刚石质量好，所产出的金刚石中，宝石级占70%，近宝石级20%，工业级仅10%，因而经济价值较高。

纳米比亚

纳米比亚是世界上重要的金刚石产区之一，金刚石资源丰富，质量很高，以盛产宝石级金刚石而著名。

纳米比亚的金刚石砂矿多分布于

大西洋海岸纵深5~20 km，绵延长达1 500 km的滨岸地区内。纳米比亚年产金刚石超过1×10^6 Ct，其中95%是宝石级的，居世界首位，5%是工业级。

中非共和国

中非共和国（简称中非）是一个位于非洲大陆中央的内陆国家。金刚石是中非的主要矿产之一，在国家出口商品中占很大的比重。

中非金刚石最早发现于1913年。中非的金刚石开采地在上科托省和上萨哈省的河流冲积矿床中，年产金刚石50×10^4 Ct，其中宝石级占55%，近宝石级35%，工业级10%。由于中非是非洲为数不多的拥有金刚石切割工厂的国家，虽然金刚石年产量不大，但其每年出口经切割后的金刚石的产值超过4 000万美元。

塞拉利昂共和国

塞拉利昂共和国于1930年发现金刚石，是世界上金刚石的主要产出国之一，以开采砂矿为主，最高年产量达204.8×10^4 Ct（1970年）。目前，年产金刚石约40×10^4 Ct，其中55%是宝石级，35%是近宝石级，10%是工业级。

中国

金伯利岩型金刚石矿床分布在辽宁省瓦房店市和山东省蒙阴县的西峪、蒙山王村。冲积金刚石砂矿床主要分布在湖南省西部沅江及其支流（如麻阳县武水中下游）及山东省临沂市沂河、沭河流域。西藏安多县东巧的洪积扇中也发现有金刚石，但粒度很小。目前，中国仅有山东省临沂蒙山建材701矿规模化生产金刚石。

印度

印度是世界上最早开采和加工金刚石的国家，早在2000多年以前就已开采金刚石砂矿，但金刚石的原生矿直到1925年以后才发现。

多年来，印度金刚石的产量并不大，年产量仅为2×10^4 Ct左右，但金刚石质量高，大部分（达87%）属宝石级。

目前，印度的金刚石资源已接近枯竭，孟买附近的浦那金刚石矿床每年的产量只有14 000 Ct左右。印度目前仍有70万从事金刚石切割、琢磨、抛光的熟练工人。澳大利亚生产的金刚石多是送到印度加工的。

巴西

巴西金刚石砂矿分布很广，成因类型繁杂，含矿层位甚多。在类型上，有冰川形成的砾岩、古代和现代河流冲积砂矿、残破积砂矿等。含金刚石的层位，则从寒武纪到第四纪都有。

巴西是南美洲主要金刚石产出国，巴西年产金刚石超过60×10^4 Ct，其中宝石级55%，近宝石级35%，工业级10%。

世界著名金刚石矿

百年来，人们投入了大量的资金和精力，实施对金刚石的开采。金刚石的开采不仅极大地满足了人们的好奇心，激发了人们的审美观念，提升了对物体的欣赏能力，也满足了工业上的实际需求。与此同时，也塑造了新的地貌景观。

南非的金伯利金刚石矿

南非生产金刚石已有100多年的历史，留下了诸多废弃的矿坑。其中，金伯利（Kimberley）钻石矿坑被认为是世界上最大的人力挖掘矿坑，从1866年至1914年，50 000名矿工使用铁铲等工具进行挖掘，共挖掘出2 722 kg钻石。金伯利矿坑直径500 m、平均深400 m，已成为金伯利市旅游者参观的重要景点。目前，南非政府正试图将金伯利矿坑申请为世界文化遗址（图6-1）。

图6-1　金伯利钻石坑远景和近景

金伯利岩管地表呈椭圆形，直径150～300 m，占地面积约4×10^4 m^2，岩筒上部为金伯利角砾岩，下部为典型的斑状金伯利岩，岩体内的金刚石含量为0.35 Ct/t。金伯利岩筒采出的金刚石中，粗大的双晶极多，并且有特殊的褐色金刚石，也常见无色透明的八面体。在金伯利和德比尔斯两个岩筒开采25年内，共采出$4\ 000\times10^4$ Ct金刚石，其中51%为重量约1 Ct的宝石级金刚石。德比尔斯公司为该矿山最初经营者，2007年卖给了佩特拉公司。最初的矿山于1914年关闭，地下矿山1995年关闭，至1993年已采出金刚石$2\ 100\times10^4$ Ct，矿山最终开采深度1 075 m。

闭坑后，德比尔斯对尾矿进行重新处理，2010年矿石处理量为550万t，金刚石产量10×10^4 Ct。

俄罗斯米尔金刚石矿

米尔钻石矿位于俄罗斯东西伯利亚地区，是一个露天开采的金刚石矿床（图6-2）。1955年，一位年轻的地理学家来到这里考察，意外地发现这一地区蕴含丰富的钻石资源。这里和附近的几个矿场贡献了全球总量23%的钻石。矿山最早成立于1957年，曾是苏联最大最古老的钻石矿场，但随着20世纪90年代苏联的解体，米尔钻石矿于1992年被萨克哈钻石公司（Sakha Diamond Company）收购，并最终于2001年停产。据统计，在萨克哈钻石公司收购米尔钻石矿至其停产大约10年的时间里，萨克哈钻石公司就实现累计利润超过6亿美元。

米尔钻石矿深525 m，表面直径超过1 200 m，它是苏联最早、最大的管状钻石矿之一，也是世界上规模最大的露天矿场之一。目前，该矿场已被废弃。

图6-2　俄罗斯米尔金刚石矿

据称，在该矿场处于开采运行时，一辆卡车从矿坑底部开到顶部需要两个小时的时间。钻石矿的上空是一个禁飞区，因为洞中下旋的气流能将直升飞机吸入洞中并撞碎。冬天这里异常寒冷，地面的所有物品都会结冰，但正是大约年产1 000×10^4 Ct钻石的巨大诱惑，让矿区的工人战胜异常艰苦的环境，为地球留下了这道深深的疤痕。

南非库利南金刚石矿

库利南（Cullinan）钻石矿至今仍在运行，依然能出产宝石级钻石（图6–3）。该矿以发现大钻石而闻名世界，曾于1905发现3 106.75 Ct的世界第一钻石。该矿分别于2009年和2013年相继发现了重26.6 Ct、25.5 Ct的蓝钻，2014年又发现了一颗重29.6 Ct的蓝钻和一颗重232 Ct的白钻。

库利南是一个迷人的老采矿村，同时也是一个令人愉快的参观地，在这里可以开始一段矿山之旅。人们参观完钻石的诞生地，还可以参观名钻展示室、钻石加工厂、销售部等内容。透过大玻璃窗，参观者可以观看库利南钻石公司的专业切割人员使用精密的机械设备切割原钻石，随后在专业的打磨人员的手下，那些隐藏在原石之下的耀眼光芒逐步显现出来，一颗颗摄人心魄的美钻呈现在参观者眼前。参观钻石矿，可以让人感叹大自然造物的神奇，惊讶于小小钻石所蕴含的财富能量。

图6–3　库利南钻石矿坑

值得一提的是，不仅库利南矿和德比尔斯公司都是名震世界的大企业，而且库利南本身还是一个宁静、充满艺术气息的小镇。在矿山外的橡树街两边，保存了一个多世纪的老房子被改造成咖啡店、画廊、工艺品店等，一些南非艺术家定居在这里进行创作。每逢周末，总是有人从约翰内斯堡、比勒陀利亚等地开车来到这里，凭吊一下旧址，捧一杯咖啡享受难得的清静。

加拿大戴维克金刚石矿

在加拿大荒无人烟的北极地区，一座世界上蕴藏量最丰富的金刚石矿正夜以继日地吐出财宝，这就是戴维克钻石坑（图6-4）。

戴维克钻矿坐落于加拿大西北部城镇耶洛奈夫（Yellowknife）东北方向300 km处，它是戴维克钻矿有限公司和哈利温斯顿钻石有限合股公司的非公司形式合资企业。这两个公司的总部都设在加拿大的耶洛奈夫。该矿场最初于2003年开采挖掘，每年可以生产800×10^4 Ct或相当于1 600 kg的金刚石。戴维克出产的钻石是目前世界上名列前茅的白宝石钻。

据《世界文化》2005年第11期《雪冬》一文介绍："很少有外人能参观那座矿，它的保卫工作比福特诺克斯矿要严格。"但就凭矿区设有一条能起降波音737、长1 600 m的飞机跑道，就可想象该矿山的开采规模了。

图6-4 加拿大戴维克金刚石矿

博茨瓦纳朱瓦能金刚石矿

朱瓦能（Jwaneng）金刚石矿属德比斯瓦纳（Debswana）公司（德比尔斯和博茨瓦纳政府各持50%股份）所有，于1982年投产。矿山位于博茨瓦纳纳莱蒂河谷（Naledi River Valley）的喀拉哈利沙漠（Kalahari Desert）地区，是德比斯瓦纳公司开采的第三个矿山。矿山产值占该公司总收入的60%~70%。德比尔斯认为，朱瓦能是世界上最富的金刚石矿山。2009年，矿石开采量820×10^4 t，金刚石产量1 150$\times10^4$ Ct，也就是说品位低于1.5 Ct/t。

原先预计朱瓦能矿区的生产年限到2017年为止，但是在2010年底，德比斯瓦纳公司宣称，公司即将开始一个叫Cut8的项目，这个项目总值36.3亿美元，预计可以将矿山的钻石产期延长7年，增加产出1.02×10^8 Ct钻石。

澳大利亚阿盖尔金刚石矿

阿盖尔（Argyle）金刚石矿是世界上最富的超大型金刚石原生矿床，位于库努纳拉镇以南150 km、阿尔盖湖西南50 km处，含矿岩体为阿盖尔AK-1钾镁煌斑岩岩筒，矿山由力拓公司经营（图6-5）。

1979年9月，地质工作者在斯莫里克的采样中发现了金刚石，这导致了随后不久便发现了阿尔盖AK-1矿体。经勘查证实，岩管长约800 m，宽约150 m，勘查深度范围内深部矿体未封闭，含矿岩体为钾镁煌斑岩岩管，矿石中金刚石平均品位6.8 Ct/t，超过世界上原来最富的金伯利岩筒——刚果（金）的杜捷列岩筒3～4 Ct/t的品位，查明矿石量61×10^6 t。据此，1982年决定建矿，1985年开始生产，计划年处理矿石3×10^6 t，矿山开采能力达14×10^6 t，到2010年已经产出金刚石超过7.5×10^8 Ct。

该矿山为露天开采，开采区域已扩展到450 000m^2, 长1 600 m、宽150~600 m。露天矿的最深度达到地下600 m处。

图6-5 阿盖尔钻石矿山

2001年，阿盖尔钻石矿露天开采接近它的矿山寿命，开始地下开采的可行性研究。2005年，力拓董事会批准了建设地下开采场的计划，有望将矿山的年龄延长到2018年。

阿盖尔矿是世界上最大的粉红色金刚石生产地，但是其产量仅占矿山总产量的0.01%。

博茨瓦纳奥拉帕金刚石矿

奥拉帕（Orapa）金刚石矿所在国为博茨瓦纳，是世界著名的超大型金刚石矿床，开采对象为奥拉帕金伯利岩筒，是世界著名的第二大岩筒。岩管地表面积达 114×10^4 m^2，规模为1 560×950 m。地表呈椭圆形，到深处变为窄长形，在垂深120 m处，岩筒断面减少20%。该岩筒在地形上高于周围地面，被砂和钙质结砾岩覆盖，在航空照片上可显示十分清楚的轮廓。岩筒上部80 m为沉积金伯利岩，其边缘带为金伯利岩砂砾。在垂深90 m处，变为深绿色蛇纹石化金伯利岩，已不具备沉积特征。垂深300 m处，见到较坚硬的浅绿色蛇纹石化金伯利岩。在垂深3 000 m处仍含金刚石。

在岩筒上部的沉积金伯利岩中，金刚石的品位变化很大。在细粒沉积层中，品位很低；在中粒沉积层中，品位大于2.5 Ct/m^3；平均品位（37 m深度以上）2.2 Ct/m^3。仅以37 m深度计算，岩筒中的金刚石探明储量大于8 500×10^4 Ct，周围地表砂层中还有 600×10^4 Ct。37 m深度以下金刚石储量显然是很大的。

该矿山于1971年投产，为露天矿山。2010年矿石开采量近1 300×10^4 t，生产金刚石 952×10^4 Ct。该矿山开采的金刚石粒度小，只有10%属宝石级。

安哥拉卡托卡金刚石矿

所在国为安哥拉，2009年产金刚石 750×10^4 Ct。

安哥拉是世界上公认的金刚石富国，据估计金刚石资源量近 2×10^8 Ct。主要产地在南隆达省的卡托卡，占全国金刚石产量的60%。矿区位于绍里木（Saurimo，安哥拉东北部的城镇，也是南隆达省的首府）以南35 km的卡托卡（Catoca）金伯利岩矿区，是安哥拉最大的露天金刚石矿。矿山由安哥拉、南非、以色列、巴西等国的有关公司和其他国际投资人联合开发。据说该矿是世界第四大金伯利岩筒，预计矿山开采期间将生产金刚石6 000×10^4 Ct，其中35%为宝石级。

Part 7 中国金刚石资源概览

中国迄今虽然在辽宁、吉林、内蒙古、河北、山西、山东、江苏、安徽、江西、河南、湖北、湖南、广西、贵州、四川、西藏和新疆共17个省区发现了金刚石资源或矿化现象，但只在辽宁、山东、湖南和江苏4省有探明储量，其中具有经济价值的宝石级金刚石产地只有3个：山东蒙阴—临沭、辽宁瓦房店和湖南沅水流域。

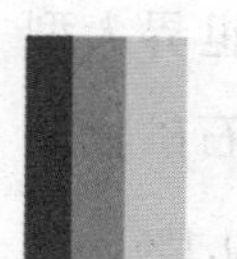

中国金刚石资源概况

中国金刚石资源分布

中国迄今虽然在辽宁、吉林、内蒙古、河北、山西、山东、江苏、安徽、江西、河南、湖北、湖南、广西、贵州、四川、西藏和新疆共17个省区发现了金刚石资源或矿化现象，但只在辽宁、山东、湖南和江苏4省有探明储量，其中具有经济价值的宝石级金刚石产地只有3个：山东蒙阴—临沭、辽宁瓦房店和湖南沅水流域（表7–1）。与全球其他国家的金刚石基础储量相比，我国金刚石储量居世界第九至第十位。但是，我国保有金刚石产地的勘查程度和利用程度均较高，已勘探矿产地储量占总储量的78.6%，已详查矿产地储量占20.2%，普查矿产地储量只占1.2%，已利用和近期可利用矿产地保有储量占总储量的84.0%。

我国金刚石保有矿物储量中，辽宁省2 204.17 kg，占总量的52.74%，山东省1 863.31 kg，占总量的44.58%，二者合计占总量的97.32%；湖南省和江苏省合计

表7–1　　中国金刚石矿产地

矿产地编号	矿产地名称	矿床规模	矿床类型	利用情况
1	辽宁瓦房店市头道沟金刚石矿区（50、51、68、74号岩管）	大型	原生矿	已利用
2	辽宁瓦房店市瓦房店金刚石矿区（42号岩管）	大型	原生矿	可利用
3	山东蒙阴县王村金刚石矿区	大型	原生矿	已利用
4	山东蒙阴县西域金刚石矿区	大型	原生矿	可利用
5	湖南常德丁家港金刚石矿区	中型	砂矿	已利用
6	辽宁瓦房店市头道沟金刚石矿区	中型	砂矿	已利用

保有112.08 kg，占总量的2.68%；目前，我国金刚石探明储量基本没有增长。

辽宁省是中国金刚石矿资源第一大省，保有金刚石矿产地9处，均位于瓦房店市，其中6处为原生矿产地（大型3处、中型2处、小型1处），砂矿产地3处（中型1处、小型2处）。

山东省是中国金刚石矿资源第二大省，也是最早发现金刚石原生矿床的省份。山东省共保有金刚石矿产地9处，其中原生矿产地5处（大型2处、小型3处），均分布于蒙阴县；砂矿产地4处，均为小型产地，分布于郯城县。

湖南省的金刚石开发较早，共保有4处产地，均为砂矿，其中常德丁家港矿和桃源县桃源矿为中型产地，另2处均为小型矿。

江苏省仅在新沂市王圩普查了一个金刚石砂矿产地，探明储量甚微，仅0.089 kg，可供进一步工作。

中国金刚石资源特点

中国金刚石矿产资源具有资源贫乏、分布集中、原生矿为主、品位偏低、质量较好等特点。

1. 资源贫乏、分布集中

中国金刚石矿床规模以中、小型为主，规模最大的山东蒙阴王村大型矿保有矿物储量仅为65.79 kg，与世界大型矿床无法对比。中国保有金刚石矿物储量总量仅为世界金刚石储量的0.1%，人均金刚石储量占有量甚微，探明储量只分布在辽宁、山东、湖南、江苏少数省份，大部分省（区）尚无探明储量。长期以来，由于探明储量少，可供开发利用的矿产地不足，金刚石一直是中国的短缺矿产之一。

2. 矿产类型以金伯利岩型原生矿为主

在保有储量中，金伯利岩型金刚石原生矿床储量占总量的95%以上，金刚石砂矿仅占5%。

3. 矿石品位偏低

中国金刚石砂矿矿石平均品位多在4~8 mg/m^3区间内，唯有辽宁瓦房店市头道沟砂矿矿石平均品位达到14.6 ~ 16.5 mg/m^3。山东金刚石原生矿金刚石品位稍高于辽宁。山东蒙阴金刚石矿产地矿石平均品位为53.57 ~ 672.313 mg/m^3；辽宁瓦房店金刚石原生矿产地保有矿石平均品位为29.8 ~ 462 mg/m^3。

4. 产品质量较好

中国金刚石产品质量总体较好。特别是辽宁所产金刚石质地优异，宝石级金刚石按地质品位统计，虽仅占30%，但根据开采年度产量统计，宝石级金刚石最高占年度产量70%以上。山东省金刚石产品中，宝石级占15%～20%。金刚石砂矿的宝石级金刚石含量和粒度均明显高于金刚石原生矿床。湖南、辽宁、山东金刚石砂矿的宝石级金刚石依次占总量的60%、50%和30%，但著名大颗粒金刚石却多发现于山东，且晶型完整度相对较好。

山东金刚石资源

金刚石矿分布

金刚石是山东的特色和优势矿产资源，其储量和产量居于全国第二位。

山东金刚石矿包括原生矿和砂矿两种类型。金刚石原生矿分布在蒙阴地区，砂矿分布在郯城地区。

金刚石矿的发现

山东金刚石砂矿出土历史悠久，据说在明朝时期郯城地区就有金刚石出土。近百年来，沂河流域几乎每年都有金刚石出土。

山东金刚石资源调查工作始于19世纪后期德国人对郯城砂矿的调查。20世纪20~30年代，日本人在临沂和郯城等地进行过金刚石砂矿调查；50年代初地质部曾几次派员在临沂、蒙阴等地进行过金刚石砂矿调查。上述这些工作均属概略性的资源调查工作。

山东省卓有成效的金刚石地质勘查工作是1957年组建金刚石专业队——沂沭队（即后来的809队、第七地质队、第七地矿勘查院）后开始的。该队于1965年8月24日在蒙阴地区发现我国第一个具有工业价值的金伯利岩型金刚石原生矿，此后，又相继发现并确定了蒙阴常马庄、西峪、坡里3个金伯利岩带。自1965~1979年的十几年内共找到了金伯利岩管10个，金伯利岩脉47条，金伯利岩岩床1个；经过勘探评价有25个金伯利岩体中金刚石含量达到工业要求，探明大型原生矿2处（王村、西峪），小型矿床3处。

金刚石矿床类型

山东金刚石矿床，根据含矿建造特点可分为两种类型：①产于古生代含金刚石金伯利岩建造中的金刚石原生矿床；②产于第四纪含金刚石河床相砂质碎屑建造中的金刚石砂矿床。

1. 产于奥陶纪含金刚石金伯利岩建造中的金刚石原生矿床

（1）矿床位置： 山东目前所发现的含金刚石金伯利岩建造分布在鲁南的蒙阴地区。

（2）地质背景： 金伯利岩建造产于以太古宙陆核为基底的稳定克拉通内的变质岩系（新太古代泰山岩群或变质变形侵入岩）或部分寒武纪地层中。

（3）矿体形态、产状、规模： 已发现的蒙阴常马庄、西峪和坡里3个金伯利岩带，总体走向为55°左右；全长约55 km，宽15 km。3个岩带由南向北逐渐向东偏转；从平面上看有向北撒开、向南收敛之势。其方向性、等距性及侧列式展布规律比较明显（图7–1）。

常马庄金刚石原生矿带，位于蒙阴矿田南端，蒙阴县城南常马庄一带。该矿带长约14 km，宽约5 km，沿350°方向展布，由9脉1管组成，岩体呈雁行左列式排列，其中“红旗1号”岩脉和“胜利1号”岩管具有工业价值，已经进行勘探，规模达大型。

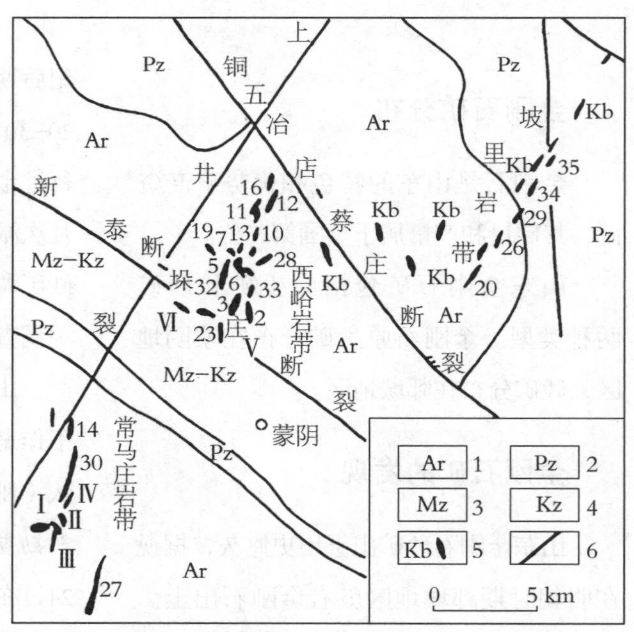

1—新太古代变质岩系；2—古生代地层；3—中生代地层；4—新生代地层；5—金伯利岩及编号；6—断层

图7–1 蒙阴县含金伯利岩带分布略图

（据《山东金刚石地质》，1999年）

西峪金刚石原生矿带，位于蒙阴矿田中部西峪村一带。该矿带长12 km，宽约1.5 km，沿5°～20° 方向展布。该矿带内共发现12个岩管和15条岩脉，品位不高，有工业价值，尚待开发，其中“红旗5号”岩脉具工业意义，已进行勘探。

坡里金刚石原生矿带，位于矿田北部坡里一带。该矿带由30条岩脉组成，沿30°～40° 方向展布。其中部分岩脉含金刚石，品位低，粒度小，不具工业价值，几乎无开采意义

（4）矿石：山东省内已发现的金伯利岩多数为火山道相和浅成相产物，火山口相金伯利岩保留很少。

主要岩石类型有粗晶金伯利岩、细晶金伯利岩、金伯利角砾岩、凝灰状金伯利岩等。其中，粗晶金伯利岩是构成岩管和岩脉的主要岩石类型；细晶金伯利岩多分布在主岩脉的尖灭端及其旁侧细脉中，其与粗晶金伯利岩多呈渐变关系；金伯利角砾岩（*灰岩角砾或片麻岩角砾*）主要分布在部分岩管的一定深度内；凝灰状金伯利岩分布局限，仅见于西峪岩带之“红旗23号”岩床中。这些金伯利岩SiO_2含量一般小于40%，属于硅酸不饱和的偏碱性超基性岩。

蒙阴地区的金伯利岩普遍遭受了较强烈的热液蚀变作用，发育有从高温到低温的金云母化、蛇纹石化、滑石化、碳酸盐化、硅化等几个阶段的蚀变作用。其中以金云母化和蛇纹石化最为普遍，构成寻找金伯利岩的一个重要标志。

山东金伯利岩含有四五十种矿物，包括幔源矿物、围岩矿物、岩浆矿物和蚀变矿物。主要有橄榄石、金云母、石榴子石类矿物、金刚石、滑石、尖晶石类矿物、方解石及金属矿物等。主要指示矿物有含铬镁铝榴石、铬铁矿、铬透辉石、镁钛铁矿、沂蒙矿、蒙山矿等。

（5）发现时间：发现于1965年8月24日，为我国第一个具有工业价值的金伯利岩型金刚石原生矿。

（6）开采现状：目前，蒙阴县正在开采的金刚石矿区只有联城乡王村矿，已探明金刚石工业储量914 476 g，金刚石的平均品位为234 mg/t，现由蒙阴戴蒙金刚石有限公司开采。其次，西峪矿区已探明金刚石工业储量561万Ct，平均品位为68.81 mg/t，宝石级金刚石约占8.8%，各类Ⅱ型金刚石约占19.42%，由临沂沂蒙金刚石矿登记，企业正在筹建之中。另外，常马庄金刚石矿区，即建材部701

矿，现已停采。

（7）矿山远景：我国金刚石矿产资源比较贫乏，已探明金刚石储量开发利用程度较高，优质资源已近枯竭，目前可供开采的矿产地严重不足，金刚石原生矿和砂矿找矿亟待突破。

2. 产于第四纪河床相砂质碎屑建造中的金刚石砂矿床

（1）矿床位置：山东金刚石砂矿床主要分布于沂沭河流域，以郯城砂矿为代表。不过，位于沂河中下游郯城至临沭河段的金刚石砂矿床才具有工业规模，其宝石级金刚石占50%。此流域金刚石砂矿主要集中于郯城县。

（2）含矿层位及特征：郯城地区第四纪地层主要发育有中更新世小埠岭组和于泉组，晚更新世大埠组、山前组和黑土湖组，全新世临沂组和沂河组。其中，小埠岭组和于泉组为含矿层位。但只有于泉组中的金刚石才富集成为工业砂矿。砂矿层分布在西起沂河，东到马陵山—七级山范围内的残余Ⅱ级阶地上的于泉、岭红埠、陈家埠、柳沟、神泉院、邵家湖、龙泉寺、小埠岭、尚庄、南泉、大官庄等地；具有工业价值的矿体主要集中于陈家埠和于泉两个矿区。

（3）金刚石砂矿产区——郯城地区地貌特征：区内地貌可分为3种类型。①构造剥蚀低丘：为以马陵山、七级山为主的低丘，由白垩纪地层（砂岩、页岩）构成。在丘顶及斜坡的平缓低洼部位可见残存的河床相砾石或砾石层，其中含有金刚石。②侵蚀堆积Ⅱ级阶地：由于受新构造活动的影响，阶地被破坏、抬升，遭受强烈剥蚀，形成残余Ⅱ级阶地。郯城地区的金刚石工业砂矿均分布在残余变形的Ⅱ级阶地内。③侵蚀堆积Ⅰ级阶地：分布在沂河两岸，形成较广阔的（Ⅰ级阶地）平原地貌，沉积层厚度变化大。

（4）发现时间：据说在明朝时期郯城地区就有金刚石出土。近百年来，沂河流域几乎每年都有金刚石出土。但自20世纪50~60年代才开始在郯城组织开展金刚石砂矿勘探。

（5）开采现状：20世纪90年代初，由于金刚石砂矿受国家政策调控以及市场因素的影响，郯城县境内金刚石砂矿已全部停产，目前保有储量为1.8万Ct。

临沂蒙山建材701矿

1. 矿床位置

701金刚石矿分布于蒙阴县联城镇蒙山王家村驻地。

2. 地质背景

矿田处于华北地台鲁西台背斜中心部位，郯庐断裂带东40～70 km，次级北西向断裂发育。基底岩层为太古宙变质岩。岩浆岩除超基性浅成岩外，发育有中生代闪长岩—花岗闪长岩和一些小型脉岩。

3. 矿体形态、产状、规模

矿体赋存于太古宙片麻岩中，含矿母岩有块状、角砾状金伯利岩，角砾爆发金伯利岩，由一组岩脉、十个岩管共同组成了岩管群，岩管间距20~50 m。长1 000 m左右，平均厚1.15 m。近期探明金伯利岩带有3条，呈NNE−NE向左列雁行展布，有脉状和管状矿体。

该矿床属于超大型金刚石矿床。

4. 矿石

蒙阴金伯利岩呈岩脉、岩管、岩床产出，岩石类型分为斑状金伯利岩、角砾状金伯利岩和凝灰状金伯利岩三大类，岩性为凝灰质金伯利岩（角砾岩）和细晶、粗面金伯利岩（角砾岩）等。

蒙阴矿田金刚石的颜色以无色、微黄色、浅棕色为主；晶形大多为八面体、曲面菱形十二面体；粒重自千分之几克拉至百余克拉，自矿田西南向东北颗粒变小。晶体完整度较差，原生碎块和次生碎块较多，常含包裹体，其成分主要为石墨、橄榄石和铬铁矿等。

5. 发现时间

1965年8月24日，是一个应该载入中国地质史册的日子。就是在这条看起来和国外任何一个发现金伯利岩的地质地貌都不同的沟里，发现了中国第一个金伯利岩脉，结束了中国没有金刚石原生矿的历史。1966年，就在809队找到金伯利岩的常马庄开始筹建中国第一座原生金刚石矿，1970年正式投产，这就是建材701矿。它是我国开采规模最大、开采历史最为悠久的金刚石矿。

6. 开采现状

截至2014年底，山东省有两家金刚石开发企业，均为大型。但两家企业均未生产，其中1个停产，1个筹建。

7. 矿山远景

近年来，相关单位在蒙阴地区开展了大量的金刚石找矿工作，并取得了可喜的成绩。其中，在蒙阴县常马庄地区金刚石原生矿深部估算资源量（矿石量）142.1万t，预计可探获金刚石资源量102.7万Ct；在蒙阴县桃花峪—双泉山地区发现了12条金伯利岩脉，具有较大的找矿潜力。

沂蒙钻石国家地质公园

2005年8月，由临沂市人民政府申报，经国土资源部审查批准，依托701矿区建设的山东沂蒙钻石国家矿山公园揭幕（图7–2）。它是全国唯一一家钻石矿山公园，山东省第一家国家矿山公园，又是中国沂蒙山国家地质公园的金伯利园区。公园位于风景秀丽的蒙山北麓。钻石矿山公园投资3.6亿元人民币，园内分布有综合服务区、钻石博览区、矿坑探秘区、钻石游乐区、钻石小镇、水陆乡村、大望山休闲度假区、联城1965、宝石加工区、矿山游览区和沂蒙民俗游乐区等11大区域、20多个特色景点。国务院原副总理曾培炎为公园题写了园名。

金刚石矿山游览区为核心景区，包括“红旗1号”和“胜利1号”采矿坑（图7–3）、选矿场、地质博物馆、地质遗迹等众多景观。蒙阴金刚石国家矿山公园内矿业遗迹丰富，是我国金刚石首次发现及采矿史的见证，其中大部分遗迹具有全国乃至国际典型性和稀有性，富有较强的外在吸引力和独特的文化内涵。

一个裸露的天然矿坑，呈椭圆形，东西长330 m，南北长230 m，深110 m，

图7–2 山东沂蒙钻石国家矿山公园

图7–3 “胜利1号”岩管露天采坑

五道螺旋圈盘旋而上，从坑口往下望，有一种眩晕的感觉。这个矿坑就是建材701金刚石矿“胜利1号”岩管，1972年开始筹建，历经28年风雨，见证了中国金刚石矿发展的历程。

公园的标志性建筑物是钻石博物馆（图7-4）。这是目前全世界最大的、国内唯一的钻石博物馆，是集收藏、研究、科普、修学、教育功能于一体的钻石主题博物馆。博物馆外形设计为天方地圆，尚属目前世界独一无二的造型，上帽为“斗”形，“斗”下为晶莹剔透的蓝色钻石，寓意“获收九天灵气，化生地下珠宝”，同时寓意斗状采坑之下，蕴藏着珍贵的钻石资源。

钻石博物馆高46.5 m，建筑面积为7 000 m^2。博物馆上下各两层，分为钻石产业历史厅、钻石地质知识厅、钻石采选展示厅、钻石制品用途厅四个展厅和一个来宾接待厅。

图7-4　钻石博物馆

辽宁金刚石资源

刚石保有储量1.64 t，全国第一，主要分布在大连瓦房店。

矿床位置

瓦房店金刚石矿位于辽东半岛南部的大连市瓦房店地区，是中国最大的金刚石原生矿床（图7-5）。

地质背景

处于中朝准地台北缘，胶辽台隆复

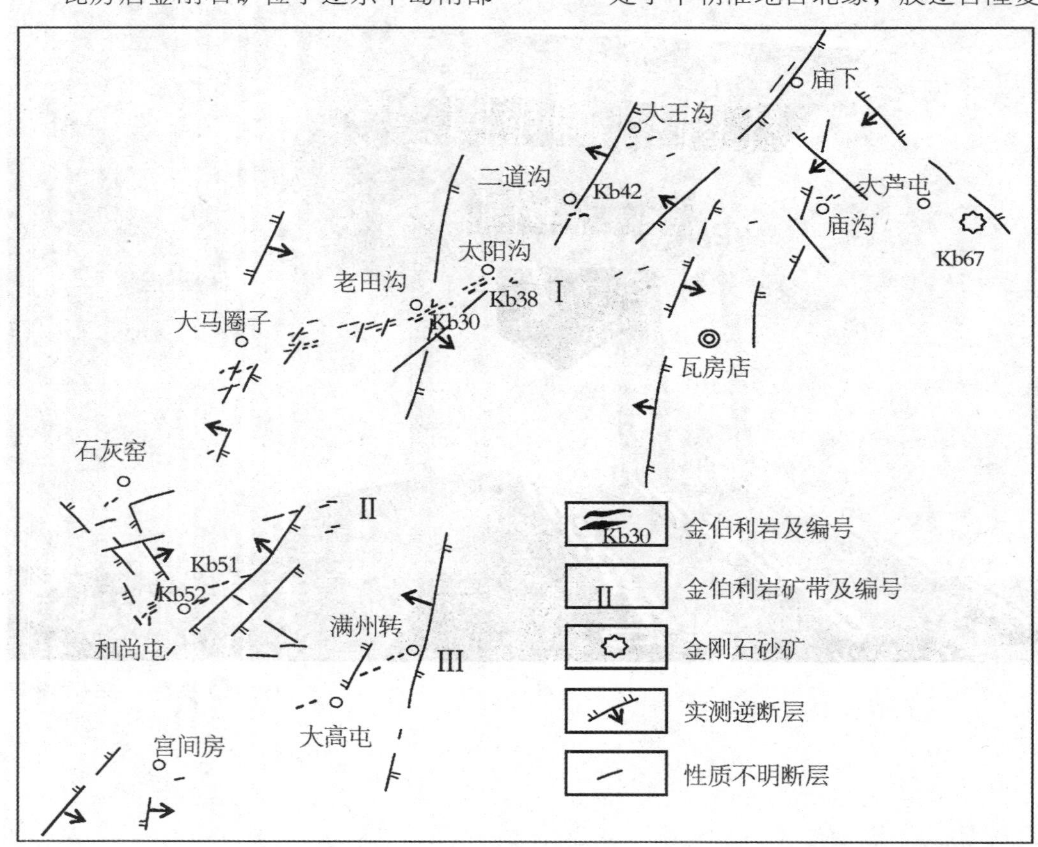

图7-5　瓦房店金伯利岩分布图

州台陷复州—大连凹陷区内的郯庐断裂的东侧，北北东向金州断裂的上盘。

矿体形态、产状、规模

矿床由3个岩管组成，属火山通道下部或根部相。本区金伯利岩形态分为管状与脉状。岩管形态比较复杂，有椭圆状、不规则状、舌状等。在地貌上岩管多呈负地形，其规模大小不等，相差悬殊。金伯利岩脉一般呈70°～80° 方向展布，脉体间走向近于平行，产状稳定，局部岩脉顺层侵入倾角也由陡变缓，呈床状。金伯利岩脉长一般100～500 m不等。该矿床属于大型金刚石矿床（图7–6）。

矿石

瓦房店地区的金伯利岩具凝灰状、角砾状、砾状、块状构造，斑状碎屑结构，同位素年龄3.41亿~4.63亿年，属加里东构造旋回的产物。金伯利岩的主要造岩矿物有橄榄石、金云母，副矿物有金刚石、镁铝榴石、铬尖晶石、钛铁矿，蚀变矿物有金云母、蛇纹石、方解石等。具有找矿意义的矿物为含铬镁铝榴石、镁铬尖晶石、铬透辉石、镁钛铁矿。金刚石以八面体、十二面体和八面体十二面体聚晶为主，晶形完整度达70%以上，以无色、黄色为多，包裹体含量20%～30%，绝大部分为石墨包裹体。金伯利岩含矿性中等，但质量最佳，在世界享有盛誉。探明储量1 200万Ct。

发现时间

瓦房店金刚石原生矿于1972年被发现。

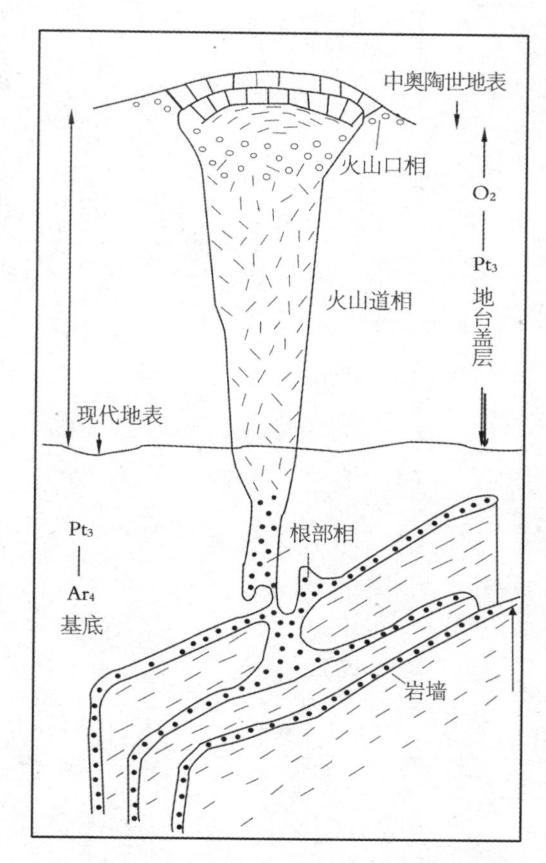

O_2–Pt_3为中奥陶世—新元古代；Pt_3–Ar_4为新元古代—新太古代

图7–6 辽鲁太古宙克拉通（Archon）金伯利岩相带分布模式图 （据张安棣等，1995年）

开采现状

辽宁省优质金刚石资源近枯竭，钻石矿业开发经济效益不高，目前基本处于停采状态。

矿山远景

2009年，辽宁省地质人员在瓦房店110号岩管东侧下方发现一个隐伏岩体正位，预估资源储量为21万Ct。2010年，又在距瓦房店30号岩管不到50 km的隐伏矿体地下860 m处发现了厚度达130 m的金伯利岩岩体，预计钻石储量约100万Ct，是辽宁省近30年来发现的最大金刚石矿，然而上述资源尚达不到开采价值。

附录　世界著名钻石列表

附表　　　　　　　　　　　　世界著名钻石列表

排列	名　称	切割形式	颜色	加工后质量(Ct)	毛坯质量（Ct）	产地及产出时间	备　注
1	金色陛下	玫瑰—垫型	黄褐色	545.67	755		世界最大的切割钻石
2	库利南Ⅰ或非洲之星第Ⅰ	梨型	白色	530.2	3 106	南非 1905.1.25	切割出9粒大钻，96粒小钻
3	无名	矩型	黑色	489.07	1 000	中非或巴西	粒度46.88×42.28×31.25
4	无与伦比	皮奥莱特型	棕黄色	407.48	890	刚果 1980	切割琢型特殊
5	库利南Ⅱ或非洲之星第Ⅱ	垫型	白色	317.4	3 106	南非 1905.1.25	
6	德·格里斯可诺精神	莫卧儿型	黑色	312.24	587	中非	非常美丽的黑色钻石
7	大莫卧儿	玫瑰型	白色	280	787.5	印度 1650	
8	尼扎母	梨型	白色	277.8	440	印度 1857	印度私人收藏
9	世纪	现代花式型	无色D	273.85	599	南非 1986	有247个刻面
10	无名	垫型	蓝色	261	704.56		英国王冠上最大的彩色钻石
11	印度人	梨型	白色	250		印度 1860	为不伦瑞克公爵财产
12	佳节	垫型	无色E	245.35	650.8	南非 1895	另一粒重13.34 Ct
13	大平原	狭长椭圆型	淡粉色	242.31		印度 1642	
14	德比尔斯钻	垫型	淡黄色	234.65	428.5	南非 1888	印度私人收藏
15	红十字	垫型	淡黄色	205.07	375	南非 1900	钻石在阿姆斯特丹切割
16	千年星	梨型	无色D	203.04	777	刚果	净度极好，非常美丽的钻石
17	非洲黑星		黑色	202		东京 1971	

（续表）

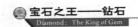

排列	名称	切割形式	颜色	加工后质量(Ct)	毛坯质量（Ct）	产地及产出时间	备注
18	奥尔洛夫	玫瑰型	淡白色	189.62	787.5	印度 1700	琢型似半个鸽蛋
19	光之川	矩型	淡粉色	186			41.4×29.5×12.15 mm
20	维多利亚（雅格伯）	椭圆型	白色	184.5	457.5	南非 1884	1887年在阿姆斯特丹切割
21	月亮	圆型	淡黄色	183			1942年在伦敦被出售
22	无名	皮奥莱特型	黄色	180.85			私人收藏
23	伏尔甘	梨型	黑棕色	178.88	380		1980年初在安特卫普出售
24	伊朗钻石系列No.1	矩型	银开普色（黄色）	152.16（最大）			Shah于1889年购得。包括23颗钻石,黄色钻石系列
25	内瓦纳格	圆型	白色	148			
26	摄政王	垫型	极白	140.5	410	印度 1698	拿破仑拥有了它，并镶嵌在他的剑柄上
27	模范	盾型	无色D	137.82	320	巴西	
28	佛罗伦萨	双玫瑰型	淡黄色	137.27			拥有126个刻面，被称为双玫瑰型
29	第一玫瑰	梨型	无色D	137.02	353.9	南非 1978	原石被切磨成3颗钻石，这是最大的一粒
30	荷兰女皇	垫型	无色D	135.92			1978年被重新打磨，罗伯特·懋琬拥有
31	伊朗钻石系列No.2	垫型	开普色	135.45			Shah于1889年购得
32	阿尔杰巴星	垫型	黄色	133.03		南非	1983年佳士得将其拍卖
33	撒拉	垫型	鲜彩黄	132.43	218	南非	

（续表）

排列	名　称	切割形式	颜色	加工后质量(Ct)	毛坯质量（Ct）	产地及产出时间	备　注
34	萨勒和平之光	梨型	白色	130.27	434.6	塞拉利昂 1969	原石被切割成不同形式的13颗钻石
35	南方之星	垫型	淡粉褐色	128.8	261.24	巴西 1853	孟买私人收藏
36	蒂梵尼	古式明亮方型	黄色	128.51	287.42	南非 1877	86个刻面
37	尼阿克斯	梨型	无色	128.21	426.5	南非 1954	原石被切磨成3颗钻石
38	葡萄牙人	八边祖母绿型	淡黄色	127.02		巴西	钻石曾被切磨成150 Ct的垫型
39	琼克尔	祖母绿型	无色D	125.35	726		Jonker发现，原石切磨成12颗钻石，1颗马眼型钻石和1颗祖母绿钻石
40	伊朗钻石系列No.3	垫型	银开普色	123.93		南非 1934	Shah于1889年购得
41	尤里乌斯·巴姆		黄色	123	248	南非 1890	
42	斯图尔特	圆型	黄色	123	296	南非 1872	
43	伊朗系列钻石No.4	八面式型	开普色	121.9			Shah于1889年购得
44	梅斯特	垫型	强彩黄	118.05		南非	瑞士苏黎世美斯特拥有
45	维内尔皮奥莱特型	皮奥莱特型	淡彩黄	116.6			1984年切磨，文莱苏丹的财产
46	古沃西	心型	黑色	115.34	300.12	印度 1998	钻石是一串项链上的中心石，另外有58.77 Ct的黑色小钻石
47	月之王冠	玫瑰型	白色	115.06			这颗钻石镶嵌在德黑兰的伊朗王冠上

（续表）

排列	名　称	切割形式	颜色	加工后质量(Ct)	毛坯质量（Ct）	产地及产出时间	备　注
48	艾德纳星	祖母绿型	白色	115			1956年哈利·温斯将这颗钻石买下
49	伊朗钻石系列No.5	垫型	开普色	114.28			
50	穆纳	垫型	强彩黄	112.53			可能是世界上最大的强彩黄加工钻
51	土之星	梨型	褐色	111.59	248.9	南非 1967	世界上最大的褐色加工钻
52	亚洲十字	桌式型	香槟色	109.26			
53	懋婉魔幻	祖母绿型	无色D	108.81	284.6	几内亚	1991年罗伯特·懋婉购得原石并对其进行切磨
54	罗耶特曼	垫型	黄色	107.46			哈利·温斯顿于1957年将这颗钻石购得
55	路易·卡迪亚	梨型	无色	107.07	400	南非 1974	原石被切磨成3颗钻石
56	光之山	椭圆型	白色	105.6	794.5	印度 1304	第一次琢磨重186 Ct，第二次琢磨重108.93 Ct
57	金太阳	垫型		105.54			
58	埃及之星	祖母绿型	白色	105.51			
59	迪普戴纳	垫型	处理过的黄色	104.53			
60	大菊花	梨型	褐色	104.15	198.28	南非 1963	钻石拥有189个刻面
61	阿什贝尔格	古式明亮方型	淡彩黄	102.48			这颗钻石曾作为俄罗斯王冠上的饰物之一
62	欧纳特	垫型	鲜彩黄	102.29		南非 1880	1996年5月，克里斯蒂在日内瓦以3 043 496美元的价格将其拍出美元

（续表）

排列	名　称	切割形式	颜色	加工后质量(Ct)	毛坯质量（Ct）	产地及产出时间	备　注
63	无名	矩型	强彩黄	102.07			1996年在瑞士的拍卖会上以3 043 496美元的价格售出
64	懋婉华丽	梨型	无色D	101.84			罗伯特·懋婉拥有，它的估价为13 970 000美元
65	白心钻石	心型	无色D	101			钻石的净度为Flawless。估价在1 500万欧元
66	美洲之星	阿斯切型	无色D	100.57	225	南非	世界上最大的阿斯切型钻石
67	幸福之星	矩型	无色D	100.36			1993年11月瑞士拍卖会上以11 882 333美元的价格售出
68	无名	梨型	近无色I	100.2			2000年5月瑞士拍卖会上以2 028 017美元的价格售出
69	季节之星	梨型	无色D	100.1			1995年苏富比拍卖行在日内瓦以16 548 750美元售出
70	瓦拉斯卡皮	皮奥莱特型		95			
71	东方之星	梨型	无色D	94.8	157	印度	哈利·温斯顿在1949年买下的这颗钻石
72	库利南Ⅲ	梨型	白色	94.4	3 106		这颗钻石镶嵌在英国玛丽王后的王冠上
73	苏莱曼之星	椭圆型		93.86	149		
74	印度的皮奥莱特型	皮奥莱特型		90.38			它丰富的历史一直可以追溯到中世纪

（续表）

排列	名称	切割形式	颜色	加工后质量(Ct)	毛坯质量（Ct）	产地及产出时间	备注
75	梦幻胸罩	祖母绿型	无色	90			主宰这款胸罩的是价值1 060万美元的祖母绿型钻石
76	华盛顿	梨型	无色D	89.23	342	南非	1976年将这钻石原石切磨成两颗梨型钻
77	几内亚之星	盾型	无色D	89.01	255.1	几内亚 1986	原石被磨成3颗钻石，另外两颗为8.23 Ct梨型钻和5.03 Ct的心形钻
78	波斯沙赫	垫型	黄色	88.7	99.52	印度 1739	1829年，波斯王子将这颗钻石送给了沙皇
79	波斯之星	圆型	淡黄色	88			这颗钻石曾和其他107颗长方型钻石镶嵌在一枚胸针上
80	伊朗钻石系列No.6	不规则三角型	开普色	86.61			
81	伊朗钻石系列No.7	不规则莫卧儿型	开普色	86.28			
82	造匙者（或皮高特）	梨型		86			伊斯坦布尔的Topkapl
83	斯特恩斯星	圆型	黄色	85.93	223.6	南非 1972	这颗钻石曾在纽约被卖出
84	皮高特	梨型		85.8			
85	尼泊尔	梨型	无色	79.41		印度	曾是尼泊尔Maharaja Bir Shunsher的财产
86	伊朗钻石系列No.8	垫型	开普色	78.96			

（续表）

排列	名称	切割形式	颜色	加工后质量(Ct)	毛坯质量（Ct）	产地及产出时间	备注
87	阿默达巴德	梨型	无色D	78.86		印度	1995年罗伯特·懋婉在日内瓦的克里斯蒂拍卖会上购得
88	阿尔西迪克·约瑟夫	垫型		78.54		印度	1961年索斯比曾在伦敦对其进行拍卖
89	英国德累斯顿	梨型	无色	78.53	119.5	巴西1857	钻石被伦敦的Edward Dresden买下并在阿姆斯特丹切割
90	波吉斯	祖母绿型	香槟色	78.53			这颗香槟色的钻石以欧洲钻石商和企业家波吉斯名字命名
91	独立之星	梨型	无色D	75.52	204.1		1975年，哈利·温斯顿买下这颗钻石
92	伊朗钻石系列No.10	坠型	银开普色	75			
93	伊朗钻石系列No.12	不规则梨型	香槟色	72.84			
94	莱索托Ⅰ	祖母绿型	褐色	71.73	601.25	莱索托1967	原石被切磨成总质量为242.5 Ct的18颗钻石。最大的一颗就是莱索托Ⅰ
95	弗莱施曼星	祖母绿型	黄色	71.07			1956年哈利·温斯顿将这颗钻石买下
96	苏丹阿布杜勒-哈米德Ⅱ		黄色	70.54			这颗钻石1983年与“神像之眼”和41.94 Ct近无色垫型“马克西米连皇帝”一同被卖出

（续表）

排列	名　称	切割形式	颜色	加工后质量(Ct)	毛坯质量（Ct）	产地及产出时间	备　注
97	神像之眼	古式三角型	淡蓝色	70.21		印度 1607	这颗钻石属于伦敦格拉夫公司
98	大非洲心	心型	无色G	70.03	278	几内亚	原石被切磨成3颗不同的钻石。另外两颗分别为14.25 Ct马眼钻和25.22 Ct心型钻
99	优越者Ⅰ	梨型	无色G	69.68	995.2	南非 1893	原石于1903年被切磨成21颗钻石
100	泰勒·伯顿	梨型	无色D	68.09	240.8	南非 1966	1979年罗伯特·懋婉用280万美元将其买下
101	维克多利亚·德兰士瓦	梨型	香槟色	67.89	280	南非	这颗钻石曾出现在几部好莱坞电影中
102	斯蒂芬妮	圆型	白色	67.55			1957年哈利·温斯顿将其买下
103	黑色奥尔洛夫	垫型	黑色	67.5	195	印度	1990年索斯比以99 000美元的价格将其出售
104	伊朗钻石系列No.18	垫型	银开普色	66.57			
105	伊朗钻石系列No.19	矩型	开普色	65.65			
106	金玛阿哈加	梨型		65.6			1991年在纽约被卖出
107	周年纪念钻石	梨型		65	200	南非	1951年由纽约的Baum-gold Brothers切割以纪念公司75岁生日
108	金色佩利坚	祖母绿型	金黄色	64			此钻石在安特卫普著名的佩利坚街切割

（续表）

排列	名 称	切割形式	颜色	加工后质量(Ct)	毛坯质量（Ct）	产地及产出时间	备 注
109	库利南Ⅳ	垫型	白色	63.6		南非	
110	温斯顿	梨型	无色	61.8	154.5	南非 1952	于1953年为哈利·温斯顿切割成梨型
111	莱索托	不规则祖母绿型	棕色	60.67	601.25	莱索托 1967	
112	约克的爱德华王子	梨型		60.25			钻石于1901年来到美国，它和一些大的椭圆型宝石一起镶嵌在一条项链上
113	懋婉梦德拉	梨型	白色	60.19			罗伯特·懋婉
114	光之眼	椭圆型	粉色	60		印度	1958年，钻石和323颗其他的小钻石被镶嵌在伊朗王冠上
115	沙迦汗	桌式型	粉红色	56.71			1985年佳士得曾在日内瓦对其进行了拍卖
116	桑西	梨型、双玫瑰型	淡黄色	55.23		印度	这颗钻石的形状非常独特，它没有亭部，而是拥有一对冠部
117	金伯利	祖母绿型	香槟色	55.09	490	南非	1958年钻石被打磨至目前质量
118	伯特·罗德	祖母绿型	无色D	54.99	153.5	南非 1880	这颗钻石被切磨过好几次，最开始的质量为73 Ct
119	塞拉利昂之星	梨型		53.96	968.8	塞拉利昂 1972	哈利·温斯顿于同年买下钻石原石，将其切磨成17颗钻石

（续表）

排列	名　称	切割形式	颜色	加工后质量(Ct)	毛坯质量（Ct）	产地及产出时间	备　　注
120	鲍姆古德梨型钻	梨型		50	609.25	南非 1922	原石被切磨成14颗钻石，最大的两颗为鲍姆古德梨型钻，各重50 Ct
121	克利夫兰	垫型		50	100	南非 1880	在1884年的纽约被切磨成一颗拥有128个刻面的垫型
122	南非之星	梨型		47.69	83.5	南非 1869	杜德利伯爵用了125 000美元将其买下
123	霍普	垫型	深灰蓝色	45.52	112.5	印度17世纪	25.6×21.78×12 mm，净度VS_1，颜色为深灰蓝色
124	瓦尔加斯总统	祖母绿型	无色	44.17	726.6	巴西 1938	原石被切磨成29颗钻石、19颗大钻和10颗小钻
125	华盛顿	梨型	无色D	42.98	342	南非	哈利·温斯顿于1976年将钻石原石切磨成两颗梨型钻

参考文献

[1] 刘道荣. 钻石[M]. 长春: 吉林出版集团有限责任公司, 2008.

[2] 杜广鹏等. 钻石及钻石分级[M]. 武汉: 中国地质大学出版社, 2007.

[3] 郭颖. 宝石与玉石[M]. 北京: 地质出版社, 2012.

[4] 李兆聪. 宝石鉴定法[M]. 北京: 地质出版社, 1991.

[5] 孔庆友. 地矿知识大系[M]. 济南: 山东科学技术出版社, 2014.

[6] 张培元等. 世界金刚石矿床的形成和分布规律[M]. 北京: 地质出版社, 1982.

[7] 俄罗斯发现一大型金刚石矿[J]. 世界有色金属, 1995(2).

[8] 陈乾旺等. 人工合成金刚石研究进展[J]. 物理, 2005(3).

[9] 程敏. 试论我国人造金刚石工业的现状与未来[J]. 企业技术开发, 2012(26).